大学计算机基础实训教程
（Windows10+WPS Office）

姜燕 王长波 魏明俊 主编
刘向阳 王庆飞 徐海衢 副主编

清华大学出版社
北京

内 容 简 介

本书是与王少兵主编的《大学计算机基础教程(Windows10＋WPS Office)》主教材相配套的实训教材。

本书的内容与主教材紧密结合,全书分为7章。第1章是计算机基础应用实训,第2章是Windows10的使用实训,这两章属于基础操作部分内容;第3章是WPS Office文字处理实训,第4章是WPS Office表格应用实训,第5章是WPS Office演示文稿设计与应用实训,这三章作为等级考试的核心内容,结合全国计算机等级考试大纲,以案例驱动的方式详细介绍了WPS Office的使用方法和技巧;第6章是网络浏览器的应用及文件下载实训,为学生及职场人士掌握网络搜索信息、文件下载等操作提供指导;第7章是计算机基础知识历年真题,补充了主教材中计算机基础知识部分的知识点。

本书在注重医学相关专业应用的同时,兼顾非计算机类各专业学生的普适知识和技能的实训培养,同时也适用于其他非计算机类专业学生的实训操作。

图书在版编目（CIP）数据

大学计算机基础实训教程 ：Windows10＋WPS Office /
姜燕，王长波，魏明俊主编. -- 北京 ：清华大学出版社，
2025. 8. -- ISBN 978-7-302-69816-6

Ⅰ．TP316.7；TP317.1

中国国家版本馆 CIP 数据核字第 2025KQ7368 号

责任编辑：张　弛
封面设计：刘　键
责任校对：刘　静
责任印制：刘　菲

出版发行：清华大学出版社
　　　　　网　　　址：https://www.tup.com.cn，https://www.wqxuetang.com
　　　　　地　　　址：北京清华大学学研大厦 A 座　　　　邮　　编：100084
　　　　　社　总　机：010-83470000　　　　　　　　　　邮　　购：010-62786544
　　　　　投稿与读者服务：010-62776969，c-service@tup.tsinghua.edu.cn
　　　　　质量反馈：010-62772015，zhiliang@tup.tsinghua.edu.cn
　　　　　课件下载：https://www.tup.com.cn，010-83470410
印　装　者：三河市东方印刷有限公司
经　　　销：全国新华书店
开　　　本：185mm×260mm　　印　　张：8.25　　　　　字　　数：209 千字
版　　　次：2025 年 8 月第 1 版　　　　　　　　　　　印　　次：2025 年 8 月第 1 次印刷
定　　　价：35.00 元

产品编号：113229-01

前　　言

在当今数字化办公时代,掌握高效、专业的办公软件技能已成为职场人士和学生的必备能力。WPS Office 作为一款功能全面、操作便捷的国产办公软件,凭借其与 Microsoft Office 高度兼容的特性、丰富的模板资源和云协作功能,正受到越来越多用户的青睐。

本书是针对《大学计算机基础教程(Windows10＋WPS Office)》教学内容所编写的实训教程。

本书以"学以致用"为核心理念,采用"任务驱动＋实战演练"的教学模式,系统讲解了WPS 文字处理、表格应用和演示文稿三大核心模块的应用技巧。本书具有以下特色。

1. 真实场景导向

所有案例均来自实际工作和学习场景,如毕业论文排版、医学检验报告单、健康知识小报制作、个人简历等,确保学习内容与实际需求紧密结合。

2. 循序渐进设计

从基础操作到高级应用,帮助学生建立完整的知识体系。每个章节均包含明确的学习目标和能力要求。

3. 强化实操训练

设置大量动手练习和拓展任务,配套提供完整的素材文件,方便学生边学边练,巩固所学知识。

本书由湖北医药学院计算机教研室编写,姜燕、王长波、魏明俊任主编,刘向阳、王庆飞、徐海衢任副主编,全书由姜燕负责统稿和校正,王长波负责编辑和图片。

由于编者水平有限,书中难免存在不足之处,恳请各位专家和广大读者提出宝贵的意见与建议。

编　者

2025 年 4 月

历年真题答案

目　　录

第1章　计算机基础应用实训 …………… 1

1.1　微机的认识………………………… 1

　　1.1.1　教学目的 ………………… 1

　　1.1.2　教学内容 ………………… 1

　　1.1.3　教学步骤 ………………… 1

1.2　微机的基本操作………………… 4

　　1.2.1　教学目的 ………………… 4

　　1.2.2　教学内容 ………………… 4

　　1.2.3　教学步骤 ………………… 4

第2章　Windows 10 的使用实训 ………… 8

2.1　Windows 10 的基本操作 ……… 8

　　2.1.1　教学目的 ………………… 8

　　2.1.2　教学内容 ………………… 8

　　2.1.3　教学步骤 ………………… 8

2.2　Windows 10 的文件操作 …… 12

　　2.2.1　教学目的 ………………… 12

　　2.2.2　教学内容……………… 13

　　2.2.3　教学步骤……………… 13

第3章　WPS Office 文字处理实训 …… 17

3.1　WPS Office 文档的基本
操作 ………………………… 17

　　3.1.1　教学目的……………… 17

　　3.1.2　教学内容……………… 17

　　3.1.3　教学步骤……………… 17

3.2　WPS Office 文档的排版 …… 25

　　3.2.1　教学目的……………… 25

　　3.2.2　教学内容……………… 25

　　3.2.3　教学步骤……………… 27

3.3　WPS Office 文字表格制作
与编辑 ……………………… 33

　　3.3.1　教学目的……………… 33

　　3.3.2　教学内容……………… 33

　　3.3.3　教学步骤……………… 34

3.4　WPS Office 图形对象编辑 …… 37

　　3.4.1　教学目的 ………………… 37

　　3.4.2　教学内容 ………………… 37

　　3.4.3　教学步骤 ………………… 37

3.5　WPS Office 插入公式 ………… 42

　　3.5.1　教学目的 ………………… 42

　　3.5.2　教学内容 ………………… 42

　　3.5.3　教学步骤 ………………… 43

3.6　WPS Office 高级排版技巧 …… 44

　　3.6.1　教学目的 ………………… 44

　　3.6.2　教学内容 ………………… 44

　　3.6.3　教学步骤 ………………… 45

第4章　WPS Office 表格应用实训 …… 59

4.1　WPS Office 表格编辑 ………… 59

　　4.1.1　教学目的 ………………… 59

　　4.1.2　教学内容 ………………… 59

　　4.1.3　教学步骤 ………………… 60

4.2　WPS Office 表格格式化 ……… 67

　　4.2.1　教学目的 ………………… 67

　　4.2.2　教学内容 ………………… 67

　　4.2.3　教学步骤 ………………… 68

4.3　WPS Office 表格公式
和函数 ……………………… 75

　　4.3.1　教学目的 ………………… 75

　　4.3.2　教学内容 ………………… 75

　　4.3.3　教学步骤 ………………… 76

4.4　WPS Office 表格图表 ………… 85

　　4.4.1　教学目的 ………………… 85

　　4.4.2　教学内容 ………………… 85

　　4.4.3　教学步骤 ………………… 86

4.5　WPS Office 表格数据管理 …… 90

　　4.5.1　教学目的 ………………… 90

　　4.5.2　教学内容……………… 90

　　　　4.5.3　教学步骤 …………… 90

第5章　WPS Office 演示文稿设计
　　　　与应用实训 …………… 94
　5.1　WPS Office 演示文稿基础操作
　　　　与母版设计应用 ………… 94
　　　　5.1.1　教学目的 …………… 94
　　　　5.1.2　教学内容 …………… 94
　　　　5.1.3　教学步骤 …………… 95
　5.2　求职简历演示文稿页面设计与
　　　　综合功能实操 …………… 98
　　　　5.2.1　教学目的 …………… 98
　　　　5.2.2　教学内容 …………… 99
　　　　5.2.3　教学步骤 …………… 99

第6章　网络浏览器的应用及文件
　　　　下载实训 …………… 115
　6.1　Microsoft Edge 浏览器的
　　　　使用 …………… 115
　　　　6.1.1　教学目的 …………… 115
　　　　6.1.2　教学内容 …………… 115
　　　　6.1.3　教学步骤 …………… 115
　6.2　文件下载 …………… 118
　　　　6.2.1　教学目的 …………… 118
　　　　6.2.2　教学内容 …………… 118
　　　　6.2.3　教学步骤 …………… 118
第7章　计算机基础知识历年真题 …… 120
参考文献 …………… 126

第1章

计算机基础应用实训

1.1 微机的认识

1.1.1 教学目的

(1) 观察微型计算机系统的主要设备。

(2) 观察主板、I/O 扩充插槽、各种接口卡、光驱等设备。

1.1.2 教学内容

(1) 观察微型计算机系统的主要设备。

(2) 观察主板,认识 CPU、RAM 区、扩展槽和各种接口卡。

(3) 观察 RAM 区有几片 RAM 芯片以及怎样插入 RAM 插槽中。

(4) 观察 CPU 的型号、形状以及怎样插入主板的 CPU 插座中。

(5) 认识硬盘,了解硬盘的内部结构。

1.1.3 教学步骤

(1) 观察微机系统的主要设备,观察主机箱及 USB、VGA、耳机等各种外置接口。

一个典型的微机系统组成如图 1.1 所示,主要包含主机、显示器、键盘、鼠标以及音箱等外部设备。

一台小型台式机箱的正面和背面视图如图 1.2 所示。

(2) 观察主板,认识 CPU、RAM 区、扩展槽和各种接口卡。

主板是微机最基本的也是最重要的部件之一。主板一般为矩形电路板,上面安装了组成计算机的主要电路系统,一般有 BIOS 芯片、I/O 控制芯片、键盘

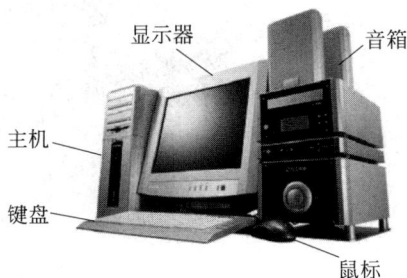

图 1.1 微机系统组成

和面板控制开关接口、指示灯插接件、扩充插槽、主板及插卡的直流电源供电接插件等元件,如图 1.3 所示。

(3) 观察 RAM 区有几片 RAM 芯片以及怎样插入 RAM 插槽中。

内存是由 RAM(Random Access Memory,随机存储器)构成的,故 RAM 区即内存插槽区。现在主流的 DDR 型内存经历了五代的发展,即从 DDR1 到 DDR5。内存条针脚一侧有一个缺口,不同代的内存缺口位置不一样,如图 1.4 所示。购买内存条时首先要弄清楚计算机主板支持的是第几代内存,否则可能造成主板和内存不匹配而无法使用的问题,到目前为止内存条的主流技术已经发展到了 DDR5 代,也是现在新装机的建议选择。

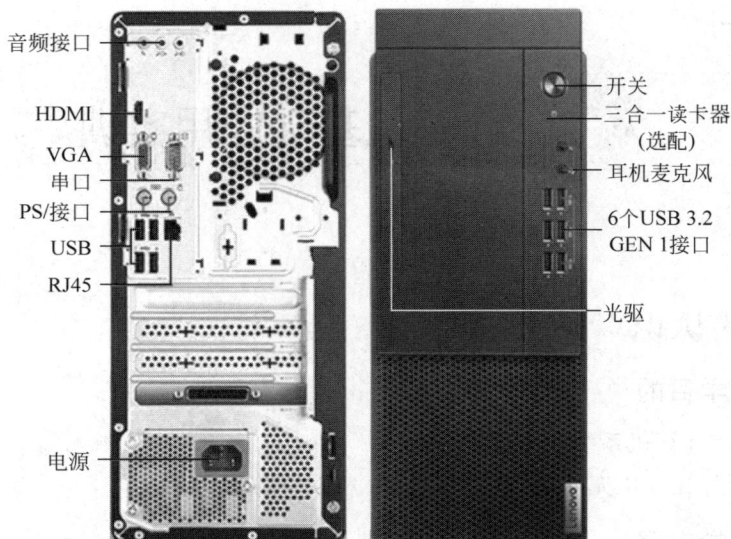

音频接口
HDMI
VGA
串口
PS/接口
USB
RJ45
电源

开关
三合一读卡器
（选配）
耳机麦克风
6个USB 3.2
GEN 1接口
光驱

图 1.2　机箱的正面和背面视图

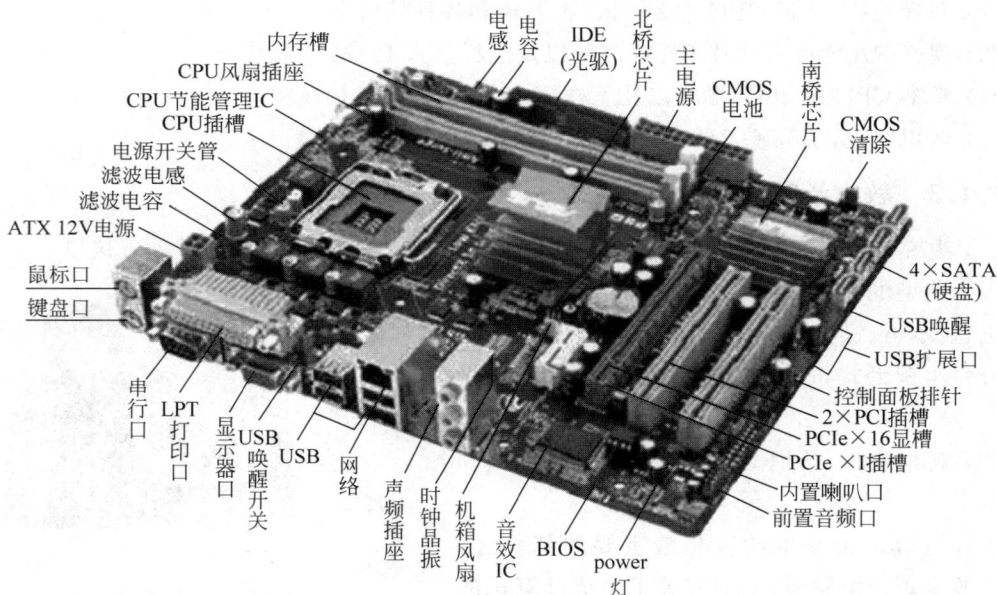

内存槽
CPU风扇插座
CPU节能管理IC
CPU插槽
电源开关管
滤波电感
滤波电容
ATX 12V电源
鼠标口
键盘口

电感
电容
IDE
（光驱）
北桥芯片
主电源
CMOS
电池
南桥芯片
CMOS
清除

4×SATA
（硬盘）
USB唤醒
USB扩展口
控制面板排针
2×PCI插槽
PCIe×16显槽
PCIe×I插槽
内置喇叭口
前置音频口

串行口
LPT打印口
显示器口
USB唤醒开关
USB
网络
声频插座
时钟晶振
机箱风扇
音效IC
BIOS
power灯

图 1.3　主板及各种接口

　　一般的计算机主板上有两个内存插槽，要将内存条安装在主板上，首先需要将主板上内存插槽两边的锁扣拉起来，然后将内存的缺口对准内存槽上相应的槽口，均匀用力向下压，使内存槽两侧的锁扣紧扣内存，当内存接口（也叫"金手指"）完全插入内存插槽后，将内存插槽两边的锁扣紧扣住内存即可，如图 1.5 所示。

　　（4）观察 CPU 的型号、形状以及怎样插入主板的 CPU 插座中。

　　目前市场主流的 CPU 为 Intel 酷睿 i3、i5、i7 和 i9 系列，图 1.6 为 Intel 酷睿 i7 处理器正面和背面图，通过正面图可以看到 CPU 的型号和性能参数，背面是针脚，通过针脚插入主板的CPU 插座即可将 CPU 安装在主板上，如图 1.7 所示。

（5）认识硬盘，了解硬盘的内部结构。

图 1.8 是西数 1.0TB 计算机硬盘的实物图，图 1.9 为硬盘内部结构示意图，主要包含接口、主轴、马达、磁头等。

（6）观察光盘驱动器和不同种类的光盘。

光驱是计算机用来读写光盘内容的设备，是台式计算机和笔记本电脑里比较常见的一个部件，图 1.10 展示了光盘驱动器（光驱）的实物图。目前主流的光驱可分为 CD-ROM 光驱、DVD-ROM 光驱和刻录机等。

目前主流的光盘分为三种，分别是 CD、DVD 和 BD-R（蓝光光盘），其存储容量分别为 700MB、4.7GB 和 25GB，如图 1.11 所示。

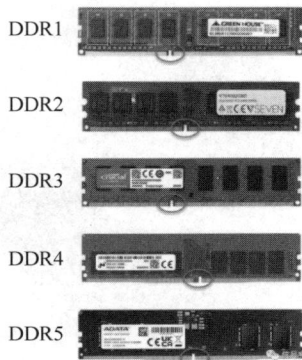

图 1.4 五代内存条对比

图 1.5 安装内存条

图 1.6 Intel 酷睿 i7 处理器

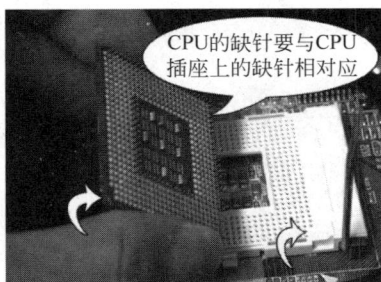

图 1.7 CPU 的安装

图 1.8 计算机硬盘实物图（西数 1.0TB）

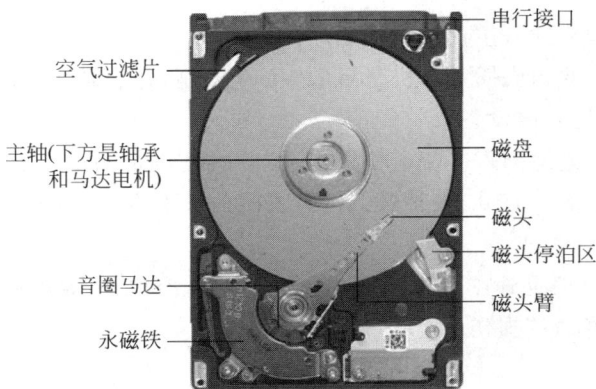

图 1.9 硬盘内部结构示意图

图 1.10 光盘驱动器（光驱）实物图

3

图 1.11 三种光盘的实物图

1.2 微机的基本操作

1.2.1 教学目的

（1）掌握微机系统的连接。

（2）掌握开机、关机的方法。

（3）了解 BIOS 的启动和设置。

1.2.2 教学内容

（1）微机系统的连接。

（2）计算机的启动和关闭。

（3）BIOS 的启动和设置。

1.2.3 教学步骤

1. 微机系统的连接

微机的连接主要是把组装好的主机和显示器、电源、鼠标、键盘以及其他的外部设备连接起来。一般遵循以下几个步骤。

（1）将主机与键盘、鼠标连接起来，即把键盘和鼠标的插头（一般为 USB 或者 PS/2 接口）插入主机背后的两个插座内。

（2）连接交流电源，即把交流电源插头插入主机背后的插座内。

（3）连接显示器，即把显示器上所带的插头插入主机背后的 VGA 插座，并旋紧螺丝固定。

（4）连接打印机、音箱、手写板等其他外部设备。

（5）将显示器、主机以及其他外设的电源插入交流电插板上，按开机键进行测试。插入交流电前要特别注意检查交流电源的电压值（一般市电为 220V）和主机插头上方指示的电压值是否相同。

连接和使用微机的过程中要注意，微机应放在通风较好、附近无热源、空气中灰尘少且比较干燥的地方，以避免恶劣环境对微机寿命的损伤。

2. 计算机的启动和关闭

（1）计算机的启动。

计算机的启动根据当时计算机所处的情况和用户的目的，分为冷启动、热启动和复位启动三种方式。

① 冷启动。冷启动即通常所说的开机，是指计算机在没有加电的状态下初始加电，一般原则是，先开外设电源，后开主机电源，因为主机的运行需要非常稳定的电源，为了防止外设启动引起电源波动影响主机运行，应该先把外设电源接通，同时应避免主机启动后，在同一电源线上再启动其他电器设备，如电视，冰箱，空调等家电设备。而关机时正好相反，应该在关闭计算机程序后，先关主机后关外设，这样可以防止外设电源断开一瞬间产生的电压感应冲击对主机造成伤害。

② 热启动。计算机在运行过程中由于某种原因发生死机或者某些程序需要重新启动时，可采取以下方式进行热启动（Windows 7 系统下）。

方法一：单击计算机桌面左下角的"开始"→"电源"→"重新启动"，计算机即可实现自动重启。

方法二：同时按住键盘上的 Ctrl＋Alt＋Delete 组合键，在出现的界面中选择"任务管理器"窗口，如图 1.12 所示，利用任务管理器可以强行终止选定的程序，使系统恢复正常运行，从而实现热启动。

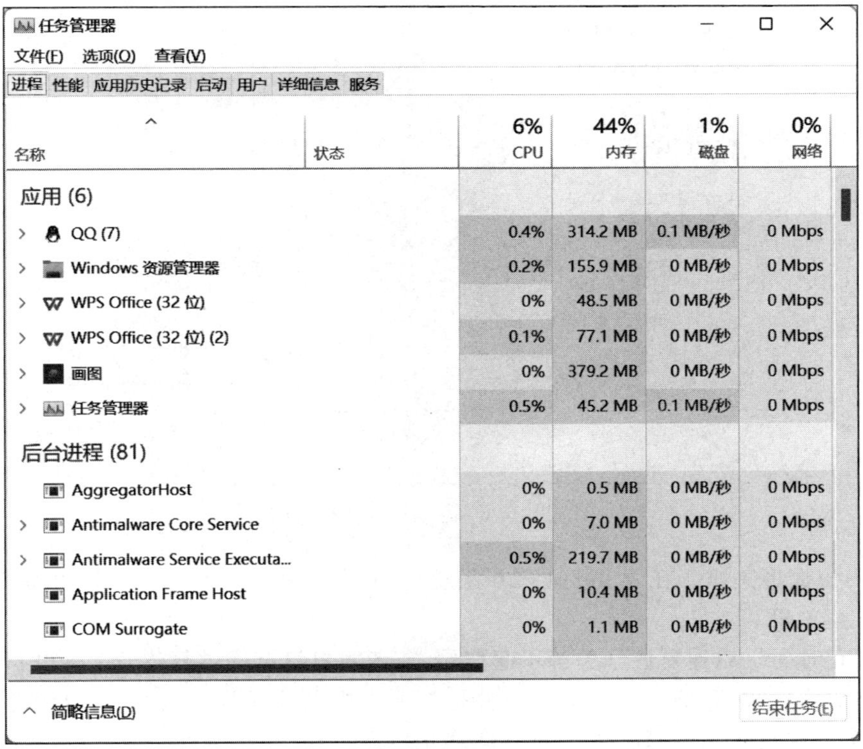

图 1.12　Windows 10 系统的任务管理器

③ 复位启动。在某些情况下计算机停止响应（死机）后，连键盘鼠标都无法响应，这时通常采取复位启动的方式。一般在主机面板上都有一个复位按钮开关，轻轻按一下即可，计算机会重新加载所有硬件以及系统的各种软件。复位启动按钮，一般标有 Reset 英文字样。

计算机启动的最终目的是把操作系统从磁盘装入内存之中，并且在屏幕上显示桌面。在冷启动方式下，机器将进行全面自检，最后完成操作系统的引导；热启动方式下，只对机器作局部的自检,内存等部分不作自检;复位启动跟热启动的效果类似。

（2）计算机的关闭。

正常的关机方法主要有两种方法,即利用鼠标或者利用快捷键关机。

① 利用鼠标关机。首先保存正在运行的应用程序的各项数据,然后关闭应用程序,最后单击"开始"→"电源"→"关机",计算机即可自动安全的关闭,如图1.13所示。

图 1.13　Windows 10 关机界面

② 利用快捷键关机。在 Windows 10 系统中,可依次按下 Win+X 键、再按下两次字母 U 键实现快速关机。

计算机有时死机后连复位开关都不起作用,或者主机没有提供复位开关,这时可以采取强行关机的办法实施关机,方法有两种:一种是按下主机电源开关 5 秒左右,电源会自动关闭,随之,主机会因为没有了电源的供应而突然停止所有工作;另一种是直接拔掉电源线。但这两种方法都是非正常关机,在非万不得已的时候不要使用,否则可能造成计算机软硬件的损坏。

3. BIOS 设置

BIOS(Basic Input Output System,基本输入输出系统)设置程序是被固化到计算机主板上的 ROM 芯片中的一组程序,其主要功能是为计算机提供最底层的、最直接的硬件设置和控制。BIOS 设置程序是储存在 BIOS 芯片中的,只有在开机时才可以进行设置。

CMOS 主要用于存储 BIOS 设置程序所设置的参数与数据,而 BIOS 设置程序主要对基本输入输出系统进行管理和设置,使用 BIOS 设置程序还可以排除系统故障或者诊断系统问题。

BIOS 程序根据制造厂商的不同分为:AWARD BIOS 程序、AMI BIOS 程序、PHOENIX BIOS 程序以及 Compaq BIOS 程序等。不同品牌 BIOS 程序的进入方式,如表 1.1 所示。

表 1.1　不同品牌 BIOS 程序的进入方式

BIOS 品牌	进入方法	BIOS 品牌	进 入 方 法
AWARD BIOS	按 Delete 键	PHOENIX BIOS	按 F2 键
AMI BIOS	按 Delete 键或 Esc 键	Compaq	按 F10 键

除上述几种常见 BIOS 的进入方法外,还有如 Ctrl+Alt+Esc 组合键、Ctrl+Alt+S 组合键等方法进入 BIOS 系统。

以 AMI BIOS 程序为例,当开启计算机或重新启动计算机后,按下 Delete 键就可以进入 BIOS 的设置界面(其他厂家的 BIOS 进入方法可能不同),如图 1.14 所示。要注意的是,如果按得太晚,计算机将会启动系统,这时只有重新启动计算机了。大家可在开机后立刻按住 Delete 键直到进入 CMOS。

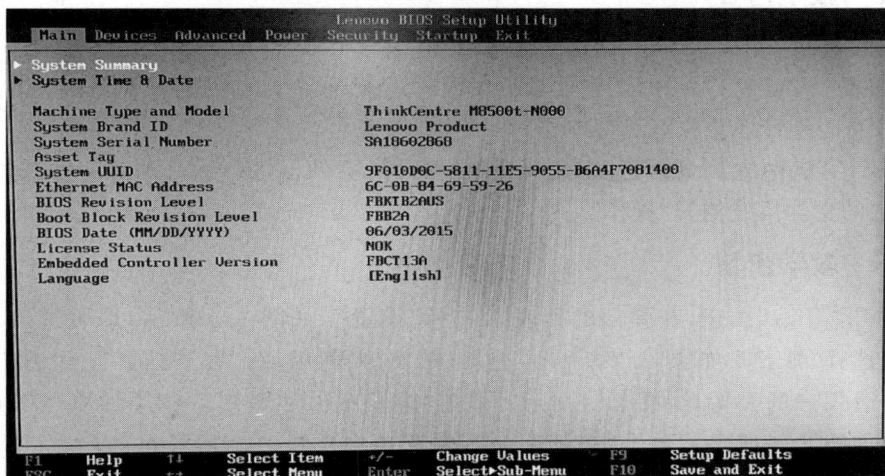

图 1.14　BIOS 的设置界面

最上方分别是计算机信息选项卡、高级配置选项卡、显示设置选项卡、启动引导设置、信息安全配置、退出选项卡。左右方向键选择顶部菜单,上下方向键选择项目,+/−热键更改设置值,Tab 热键提供选择字段,F1 热键显示帮助信息,F9 热键用来恢复默认值,F10 热键保存当前设置并退出,Esc 热键退出但不保存设置。

第2章

Windows 10的使用实训

2.1 Windows 10 的基本操作

2.1.1 教学目的

（1）学习设置账户信息。

（2）学习设置个性化桌面。

（3）学习使用资源管理器和任务管理器。

（4）学习管理磁盘。

2.1.2 教学内容

（1）为计算机中的本地账户创建一个头像，添加一个邮箱，设置一个登录方式。

（2）根据个人审美和喜好，调整计算机桌面的背景，颜色，锁屏界面，主题和字体。

（3）打开任务管理器和资源管理器。

（4）对计算机中的 C 盘执行"磁盘清理"操作，"对驱动器进行优化和碎片整理"操作，"检查驱动器中的文件系统错误"操作。

2.1.3 教学步骤

（1）单击"开始"按钮，在弹出的列表中选择"设置"，如图 2.1 所示，即可进入 Windows 设置界面，选择"账户"，如图 2.2 所示。进入"账户"界面后，在"账户信息"→"创建头像"部分，可以修改用户的头像，如图 2.3 所示；单击"电子邮件和账户"→"添加账号"，可以添加一个邮箱，如图 2.4 所示。单击"登录选项"，在菜单中选择一个适合自己的方式，如图 2.5 所示。

图 2.1 "开始"菜单栏

（2）右击桌面，在弹出的菜单栏中选择"个性化"，如图 2.6 所示。进入"个性化"界面后，在界面左侧有"背景""颜色""锁屏界面""主题""字体"等相关选项，用户可以根据自己的需求和喜好进行调整，如图 2.7 所示。

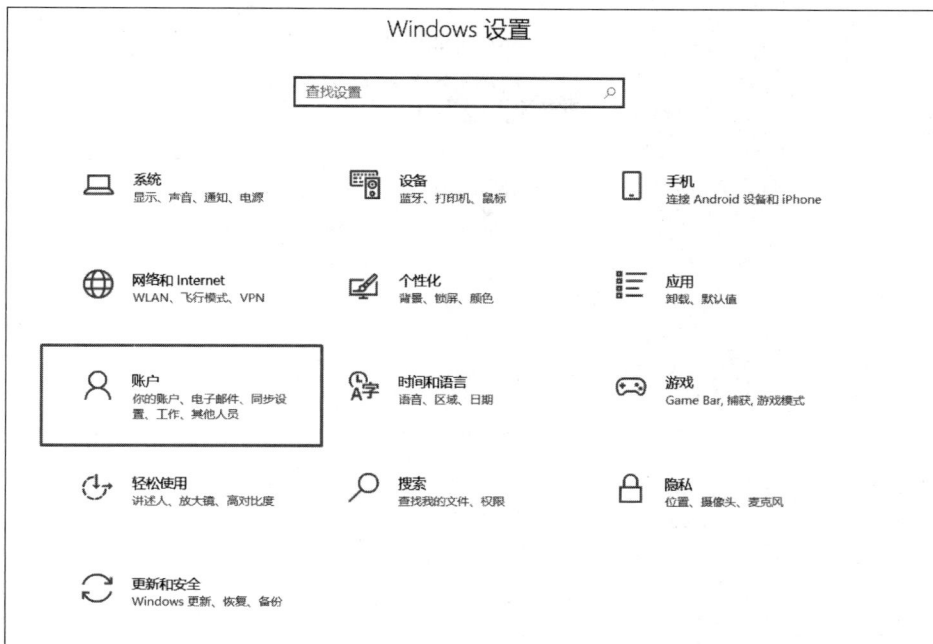

图 2.2　Windows 设置界面

图 2.3　创建头像

（3）右击"开始"菜单,在弹出的菜单栏中可以选择"任务管理器"和"文件资源管理器",如图 2.8 所示。打开后的任务管理器样图如图 2.9 所示；文件资源管理器打开样图如图 2.10 所示。

（4）右击 C 盘,选择"属性",如图 2.11 所示。在"常规"中选择"磁盘清理",如图 2.12 所示。在"工具"中选择"优化",如图 2.13 所示；在"工具"中选择"检查",如图 2.14 所示。

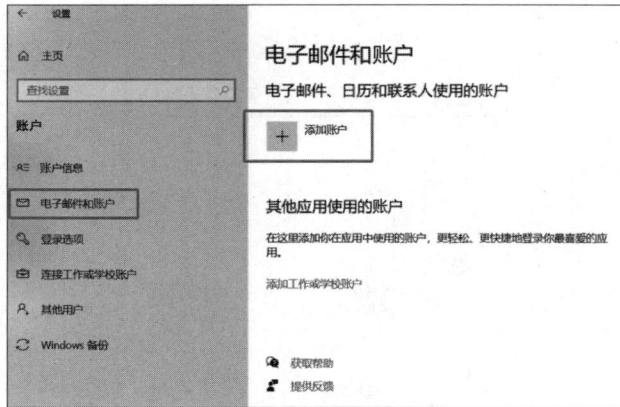

图 2.4　添加账户

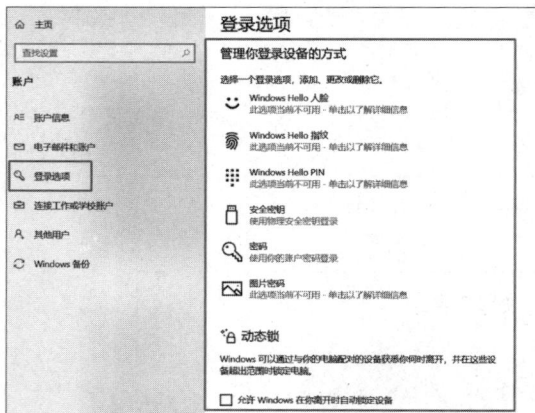

图 2.5　管理登录设备方式

图 2.6　单击"个性化"

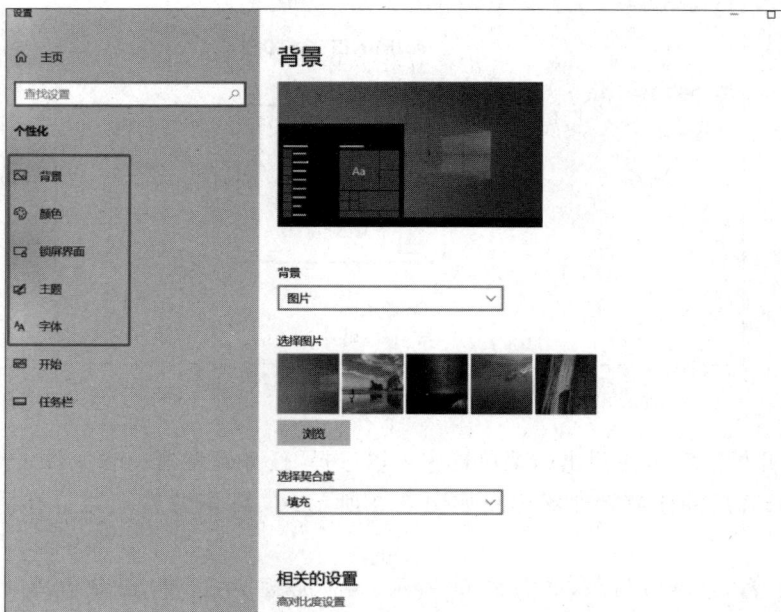

图 2.7　个性化设置桌面

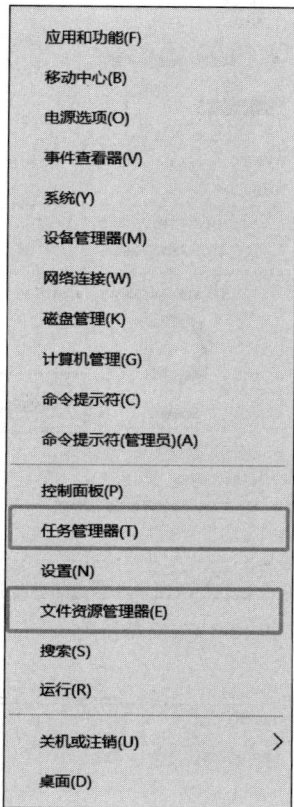

图 2.8 打开"任务管理器"和"文件资源管理器"

图 2.9 任务管理器打开样图

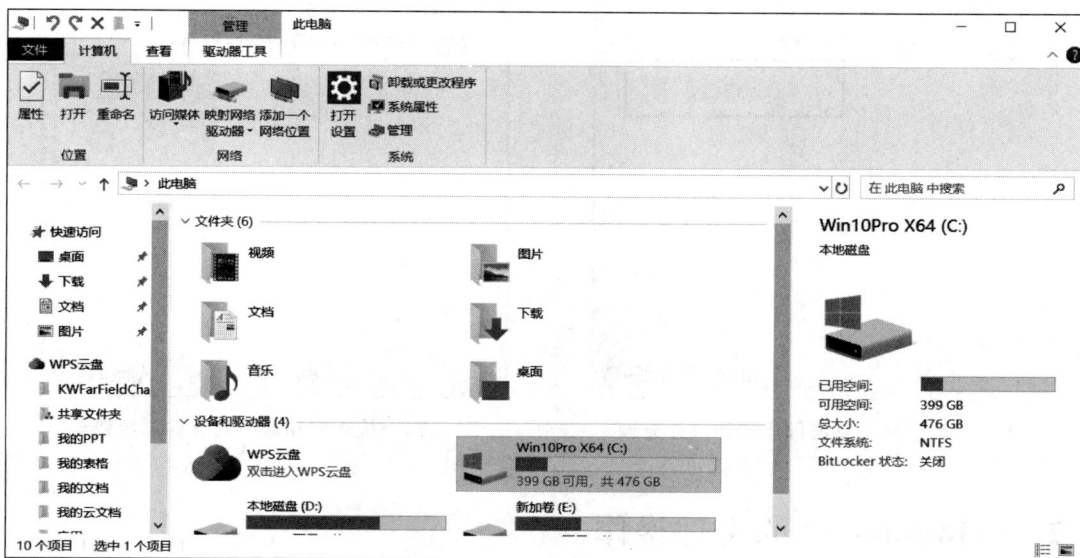

图 2.10 文件资源管理器打开样图

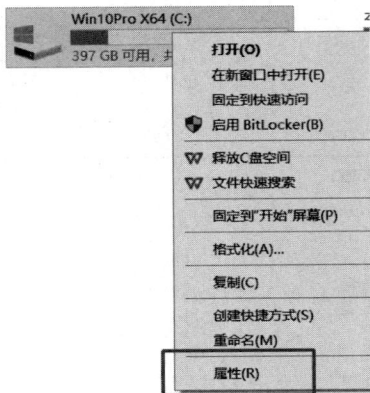

图 2.11 选择"属性"

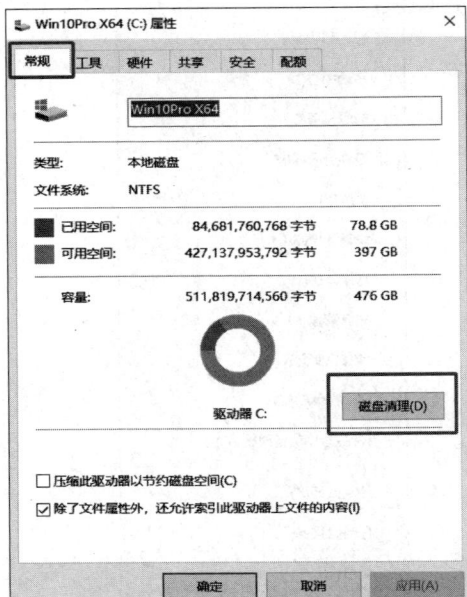

图 2.12 磁盘清理

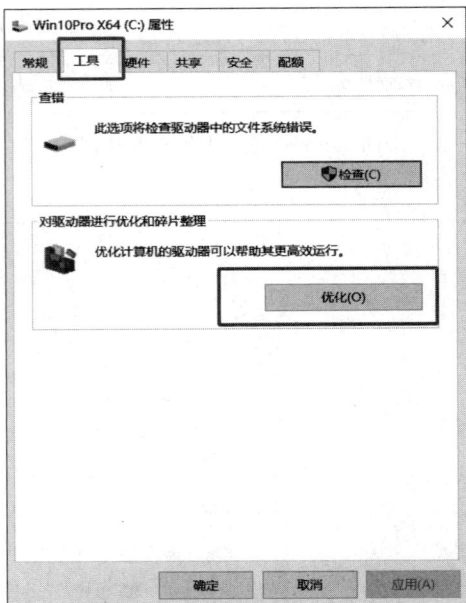

图 2.13 对驱动器进行优化和碎片整理

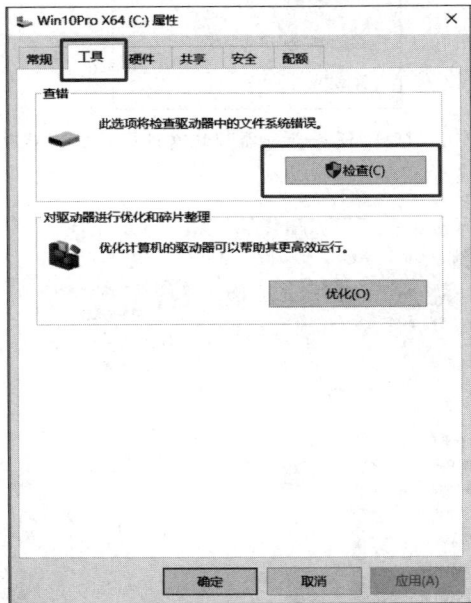

图 2.14 检查驱动器中的文件系统错误

2.2 Windows 10 的文件操作

2.2.1 教学目的

（1）学习文件创建的操作。

（2）学习文件名称修改的操作。

（3）学习文件复制和移动的操作。

（4）学习文件发送快捷方式的操作。

（5）学习文件的逻辑删除、物理删除和回收站恢复文件的操作。

（6）学习文件类型扩展名的隐藏或者显示的操作。

（7）学习设置文件属性、查看文件信息的操作。

2.2.2　教学内容

（1）在 C 盘中创建 study 文件夹、research 文件夹，在 study 文件夹中创建 exam.txt 文件，在 research 文件夹中创建 good.txt 文件。

（2）将 exam.txt 文件名称修改为 text.txt 文件。

（3）将 good.txt 文件移动到 study 文件夹中，将 text.txt 文件复制到 research 文件夹中。

（4）将 good.txt 文件发送桌面快捷方式。

（5）逻辑删除 good.txt 文件，物理删除 text.txt 文件，然后在回收站中恢复 good.txt 文件。

（6）隐藏 good.txt 文件的扩展名。

（7）将 good.txt 文件设置为只读，然后查看该文件的详细信息。

2.2.3　教学步骤

（1）进入 C 盘，右击选中"新建"→"文件夹"，并将其命名为 study。research 文件夹的操作方法同理。进入 study 文件夹，右击选中"新建"→"文本文档"，并将其命名为 exam.txt。good.txt 的操作方法同理，如图 2.15 所示。

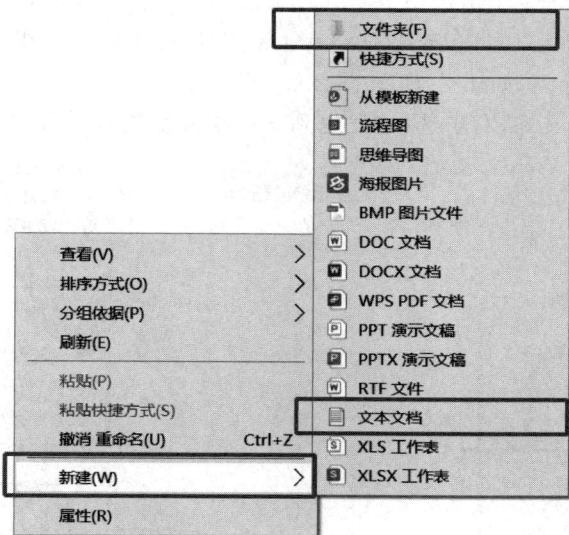

图 2.15　创建文件夹和文本文档

（2）单击选中 exam.txt 文件，右击选择"重命名"，并修改名称为 text.txt，如图 2.16 所示。

（3）将 good.txt 文件移动到 study 文件夹中，将 text.txt 文件复制到 research 文件夹中。

① 剪切粘贴。方法一：单击选中 good. txt 文件，右击选中"剪切"，之后进入 study 文件夹，右击选择"粘贴"。方法二：单击选中 good. txt 文件，按 Ctrl＋X 组合键，之后进入 study 文件夹，按 Ctrl＋V 组合键，如图 2.17 和图 2.18 所示。

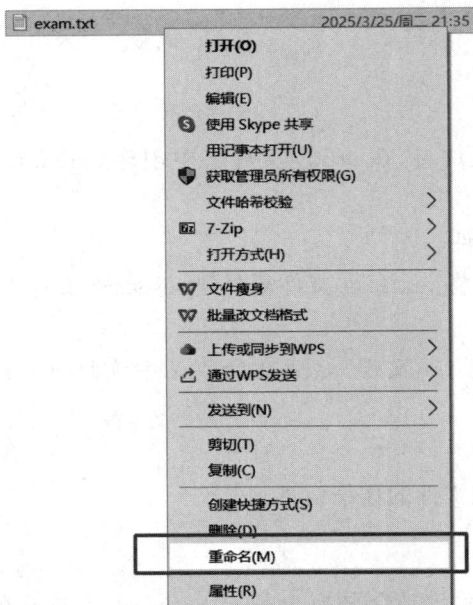

图 2.16　使用"重命名"修改名称　　　　　图 2.17　使用"剪切"操作

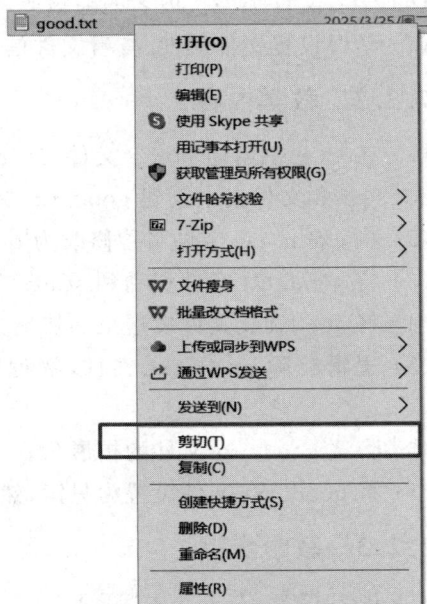

② 复制粘贴。方法一：单击选中 text. txt 文件，右击选中"复制"，之后进入 research 文件夹，右击选择"粘贴"。方法二：单击选中 text. txt 文件，按 Ctrl＋C 组合键之后进入 research 文件夹，按 Ctrl＋V 组合键，如图 2.19 和图 2.20 所示。

（4）选中 good. txt 文件，右击选中"发送到"→"桌面快捷方式"，如图 2.21 所示。

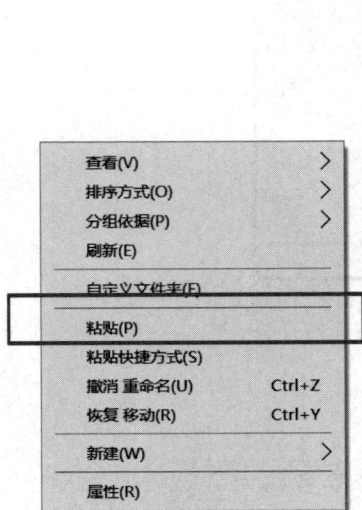

图 2.18　"剪切"后使用"粘贴"操作　　　　　图 2.19　使用"复制"操作

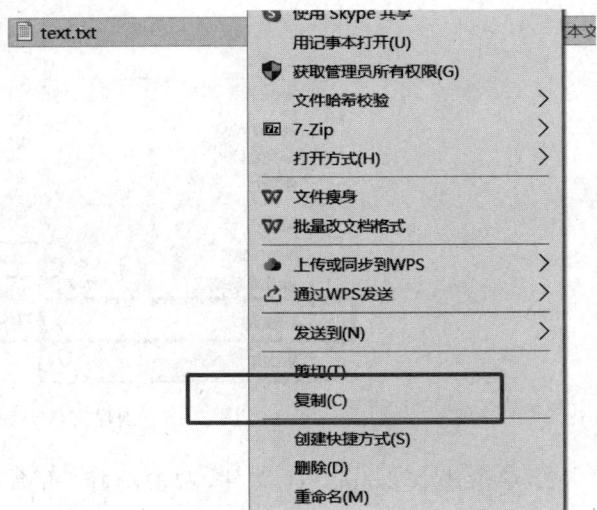

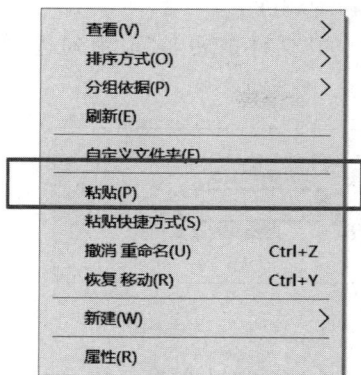

图 2.20　"复制"后使用"粘贴"操作

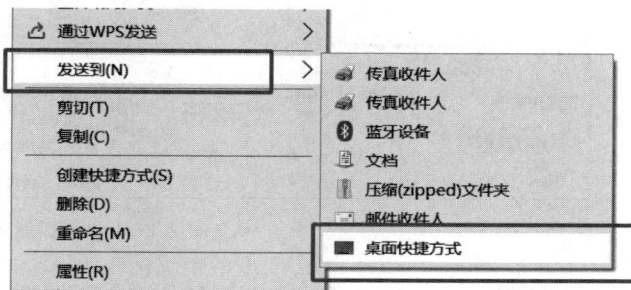

图 2.21　使用"桌面快捷方式"

（5）逻辑删除 good.txt 文件，物理删除 text.txt 文件，然后在回收站中恢复 good.txt 文件。

① 逻辑删除。

选中 good.txt 文件，右击选择"删除"，如图 2.22 所示；在之后弹出的界面中选择"是"，如图 2.23 所示。进入计算机桌面回收站，如图 2.24 所示，找到 good.txt 文件，选中后右击选择"还原"，即可恢复该文件，如图 2.25 所示。

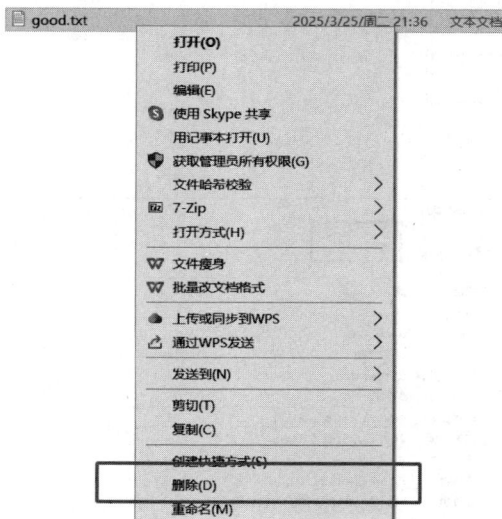

图 2.22　逻辑删除

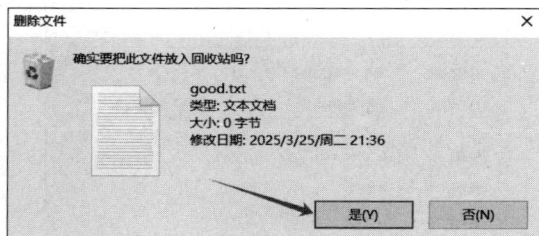

图 2.23　将文件放入回收站

图 2.24　在桌面找到回收站

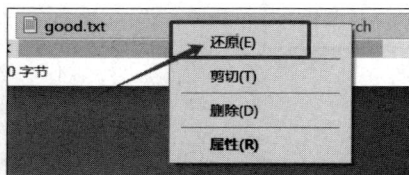

图 2.25　在回收站中对文件进行"还原操作"

② 选中 text.txt 文件，按 Shift＋Delete 组合键，即可实现物理删除。

（6）选中 good.txt 文件后，单击上方的"查看"，然后在右侧的"文件扩展名"取消勾选，如图 2.26 所示。

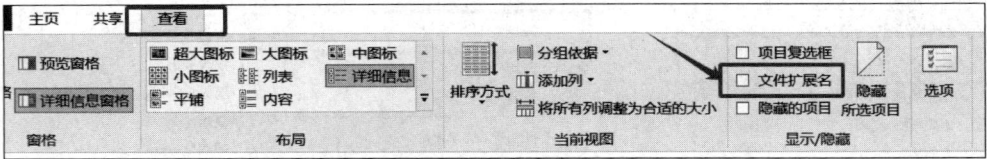

图 2.26　取消扩展名

（7）选中 good.txt 文件，右击选择"属性"，如图 2.27 所示；在之后弹出的窗口中，勾选只读，之后单击右下角的"应用"，如图 2.28 所示。再单击右上角的"详细信息"即可查看文件的详细信息，如图 2.29 所示。

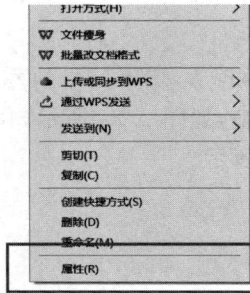

图 2.27　文件的属性

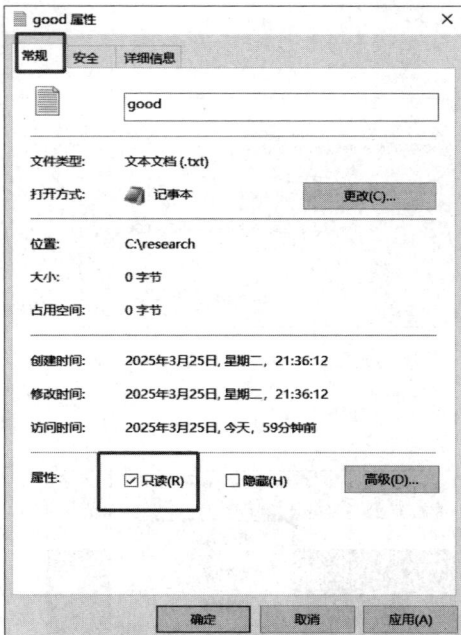

图 2.28　设置文件属性

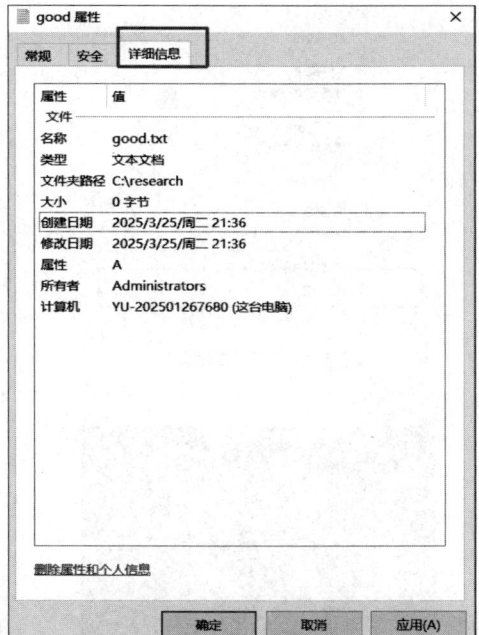

图 2.29　查看文件的详细信息

第3章

WPS Office文字处理实训

3.1 WPS Office 文档的基本操作

3.1.1 教学目的

（1）掌握 WPS Office 文档的建立、打开和保存。

（2）掌握 WPS Office 文档编辑的基本操作。

（3）掌握 WPS Office 文档中的查找和替换功能。

3.1.2 教学内容

（1）创建 WPS Office 文档，输入文字内容，并以"计算机使用小贴士.wps"文件名保存。

（2）文档的基本编辑。

① 正文前空出一行添加标题"计算机使用小贴士"和"百度百科"。

② 在"百度百科"文字前后加特殊字符，添加字符后成为"〖百度百科〗"。在第一段开始位置添加特殊符号"▯"。

③ 插入和删除一段文字。

④ 将文中所有"电脑"替换为"计算机"，文字颜色为"红色"、字形为"加粗"。

（3）文本的选定。

使用鼠标和键盘选定文本内容。掌握一个词、一句话、一行、一个段落、全选的方法；选择不连续的文本内容、选定垂直矩形文本；最后取消选定。

（4）剪切、复制和粘贴文本。

将第二段文字"1.合适的工作环境……"复制到文本的最后。

（5）另外保存文件并更名。

将文档另存为"预防计算机对人体的伤害.wps"。

（6）字数统计。

统计出整篇文档的字数信息：页数、字数、字符数（不计空格）、段落数等。

（7）拼写检查和文档校对。

用 WPS Office 自带的"拼写检查""文档校对"功能，检查文档中的错误，并改正。

3.1.3 教学步骤

1. 启动 WPS Office，创建新文档并保存

（1）启动 WPS Office，请输入如图 3.1 所示内容。

电脑在给人类带来高科技享受的同时，给操作者带来的危害也逐渐为人们所重视。从事电脑操作的人应有自我保健意识。在日常工作中预防电脑病，应注意以下几点：

1．合适的工作环境。室内光照要适中，不可过亮或过暗，且避免光线直接照射屏幕，以免产生干扰光线。屏幕不要太亮，颜色以绿色为宜。

2．正确的坐姿。选择可调节高度的坐椅，背部有支撑，膝盖约弯曲90度，坐姿舒适。电脑屏幕的中心位置应与操作者胸部在同一水平线上，眼睛与屏幕的距离应在40～50厘米，肘部保持自然弯曲。

3．敲击键盘不要过分用力，肌肉尽量放松。有肩周炎者应常活动肩关节，避免长时间不活动，肌肉、肌腱发生粘连。

4．提高工作效率，尽量缩短在屏幕前停留的时间。电脑操作者连续工作1～2小时，休息10～15分钟，并活动手和脚。

5．应经常洗脸和洗手。电脑屏幕表面有大量静电荷，易集聚灰尘，操作者应在使用完电脑后，注意清洗。

6．应多吃富含维生素A的食物。如胡萝卜、豆芽、红枣、动物肝脏、瘦肉等，以补充体内维生素A的不足。还可多饮绿茶，因为绿茶中含有多种酚类物质，能对抗电脑产生的一些有害物质。

图3.1　输入内容

（2）单击"文件"选项卡→"保存"，或单击"快速访问工具栏"的"保存"按钮，打开如图3.2所示的"另存文件"对话框；选择保存的位置，在"文件名"栏输入"计算机使用小贴士"，"文件类型"选择下拉列表中的"WPS文字 文件(＊.wps)"，最后单击"保存"按钮完成WPS Office文档的保存。

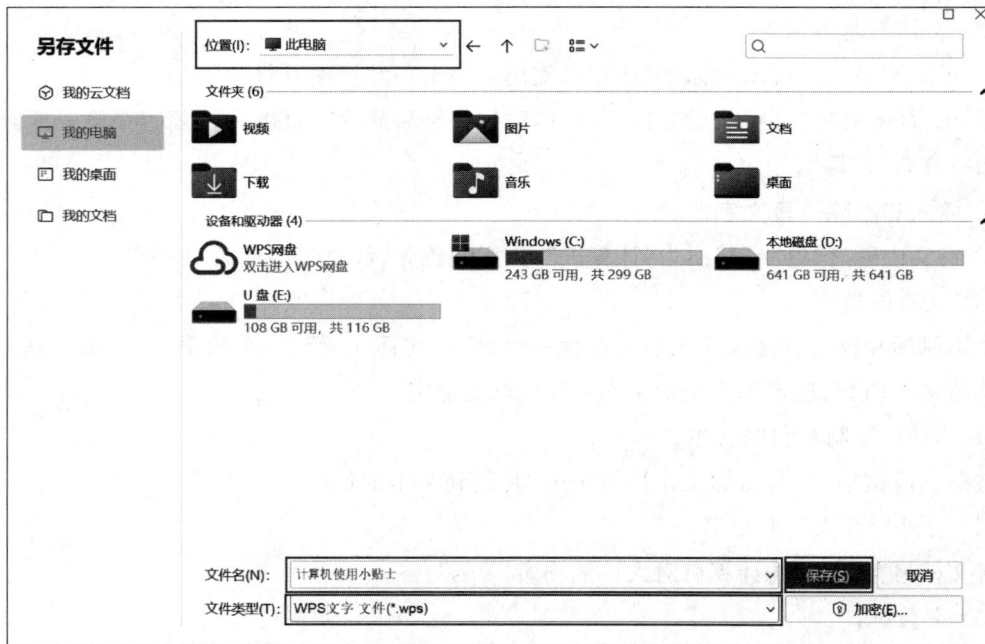

图3.2　"另存文件"对话框

2．文档的基本编辑

（1）文档加标题。

将光标移动到第一段的最前面，然后按Enter键，在空出的一行处居中输入标题"计算机使用小贴士"。再按Enter键，在标题的下面插入一个空行，并居中输入"百度百科"。

（2）插入和删除文字。

将插入点移动到正文第一段"从事计算机操作的人应有自我保健意识"前，插入文字内容"长期使用计算机会引起人的视力衰退、关节损伤、辐射伤害、肩膀颈椎疼痛、腰椎间盘突出等症状。"

　　选中第一段第一句话："计算机在给人类带来高科技享受的同时,给操作者带来的危害也逐渐为人们所重视",按 Delete 键将其删除。

　　(3) 插入特殊符号。

　　将光标定位在标题"百度百科"的"百"字前,单击 Windows 任务栏的输入法的"软键盘"图标▦,打开"符号"菜单,如图 3.3 所示。选择"8 标点符号"选项,打开如图 3.4 的"标点符号"软键盘,单击"〖"符号按钮,即可在"百"字前输入特殊符号。光标定位在"科"字后面,用相同的操作方法,插入特殊符号"〗",添加特殊符号成为"〖百度百科〗"。

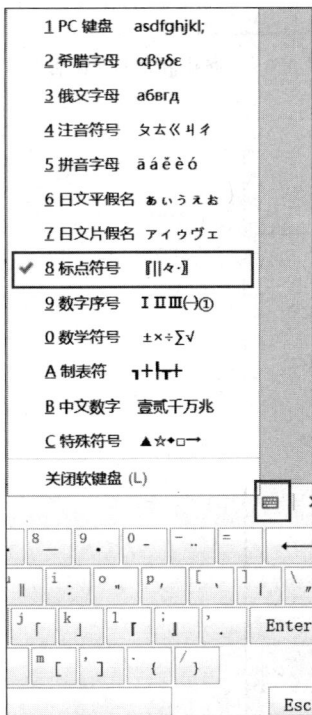

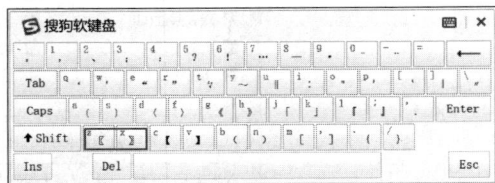

图 3.3　"符号"菜单　　　　　　　　图 3.4　"标点符号"软键盘

　　光标定位在第一段的开始位置,单击"插入"功能区→"符号"列表Ω→"其他符号"命令,打开"符号"对话框,如图 3.5 所示;在"符号"标签的"字体"栏中选择 Wingdings 选项,在下面的窗格中选择计算机符号"🖳",最后单击"插入"按钮即可。

　　(4) 查找和替换。

　　将文中所有"电脑"替换为"计算机",并设字体颜色为"红色",字形为"加粗",如图 3.6 和图 3.7 所示。

　　在文章起始位置定位插入点,单击"开始"功能区→"查找替换"列表🔍→"替换"命令,打开"查找和替换"对话框,在"替换"标签的"查找内容"文本框中输入查找内容"电脑",在"替换为"文本框中输入要替换的内容"计算机",然后单击"格式"列表中的"字体"选项。

　　在"字体"标签的"字形"列表框中选择"加粗"。在"字体颜色"下拉列表框中选择"红色",预览框中会显示字符的效果,按"确定"按钮确认操作并关闭对话框,如图 3.7 所示。

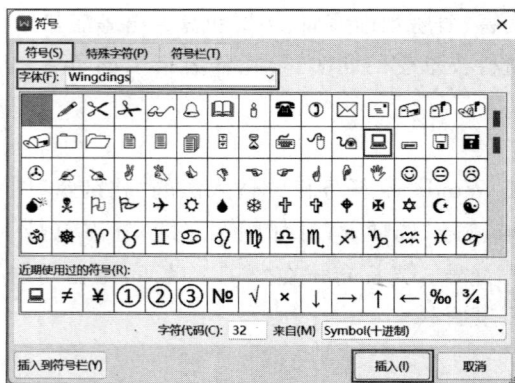

图 3.5 "符号"对话框

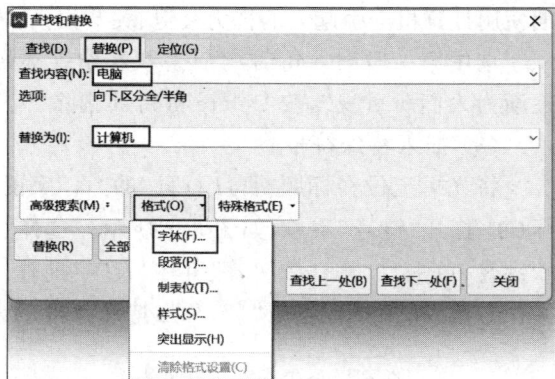

图 3.6 "查找和替换"对话框

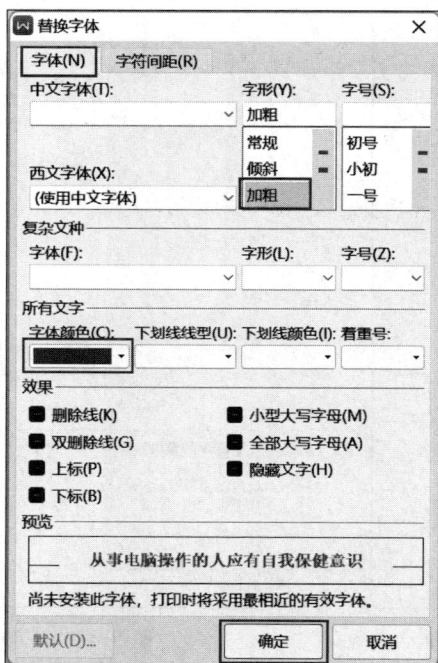

图 3.7 "替换字体"对话框

回到图 3.6 所示对话框，单击"全部替换"按钮，WPS Office 就会自动将文中所有查找的内容全部替换，并提示已替换总数，如图 3.8 所示。也可单击"查找和替换"对话框中的"查找下一处"按钮，符合替换的文字会反像显示，然后单击"替换"，WPS Office 会将内容逐一进行替换。替换完毕之后，单击"关闭"按钮。

3．文本的选定

"先选定，后操作"是 WPS Office 下操作的基本规则，在 WPS Office 中对文本进行移动、复制、删除等编辑操作时，首先要选定要操作的文本，被选中的文本呈反像显示。

（1）使用键盘选定文本。

WPS Office 提供了一套利用键盘选定文本的组合键，通过 Ctrl、Shift 和方向键可以任意进行文本的选定。常用的选定文本组合键使用方法见表 3.1。

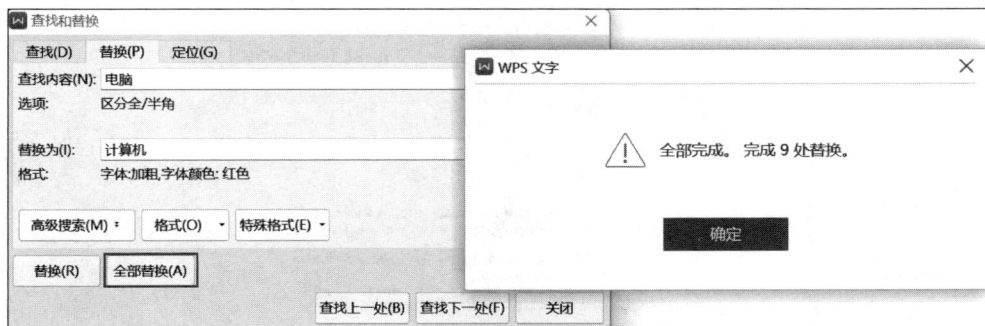

图 3.8　替换总数

表 3.1　常用的选定文本组合键使用方法

组　合　键	选　定　范　围
Shift+→	选定插入点右侧的一个字符
Shift+←	选定插入点左侧的一个字符
Shift+↑	选定到上一行
Shift+↓	选定到下一行
Shift+Home	选定到行首
Shift+End	选定到行尾
Ctrl+Shift+Home	选定到文档开头
Ctrl+Shift+End	选定到文档结尾
Ctrl+A	选定整篇文档

（2）使用鼠标选定文本。

选定指定文本只需要按住鼠标左键选定文本即可。若要选择其他范围的文本内容可使用以下方法，如表 3.2 所示。

表 3.2　选定文本的常用技巧

选　取　范　围	鼠　标　操　作
字/词	双击要选定的字/词
句子	按住 Ctrl 键，单击该句子
行	单击该行的选定区
段落	双击该行的选定区，或在该段落的任何地方三击鼠标
垂直矩形文本	按住 Alt 键，同时拖动鼠标
一大块文字	单击所选内容的开始，然后按住 Shift 键，单击所选内容的结尾
全部内容	三击选定区
不连续的文本	按住 Ctrl 键，再选定不同的文本区域

选定不连续的文本如图 3.9 所示，选定垂直矩形文本如图 3.10 所示。

（3）取消选定。

在文档的任意位置单击或按任意一个方向键，就可以取消对文本的选定。

提示：选定文本后，若键入了其他字母键、符号键、数字键或输入汉字，则选定的文本就会被键入的内容替换。

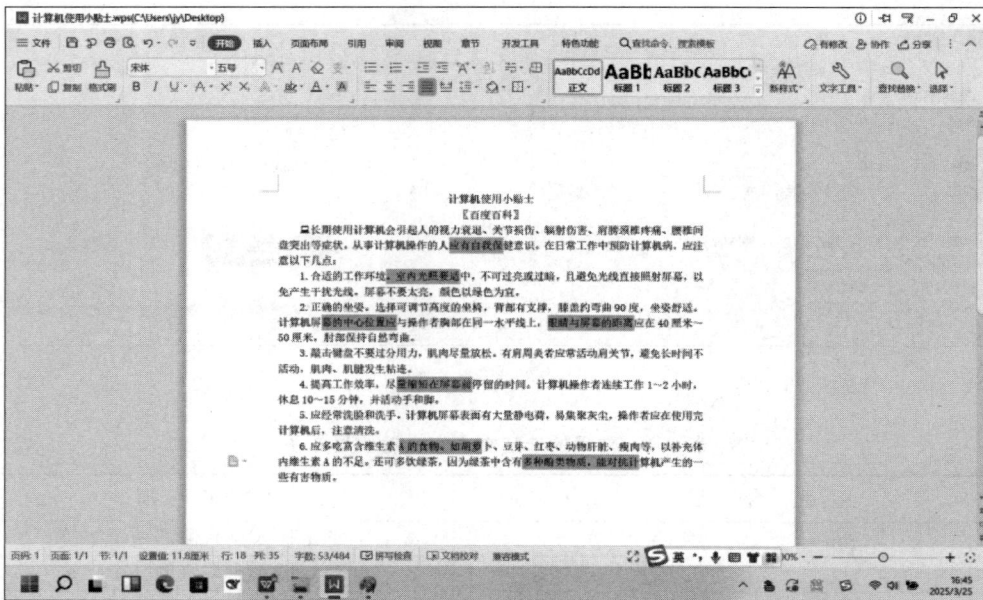

图 3.9　选定不连续的文本

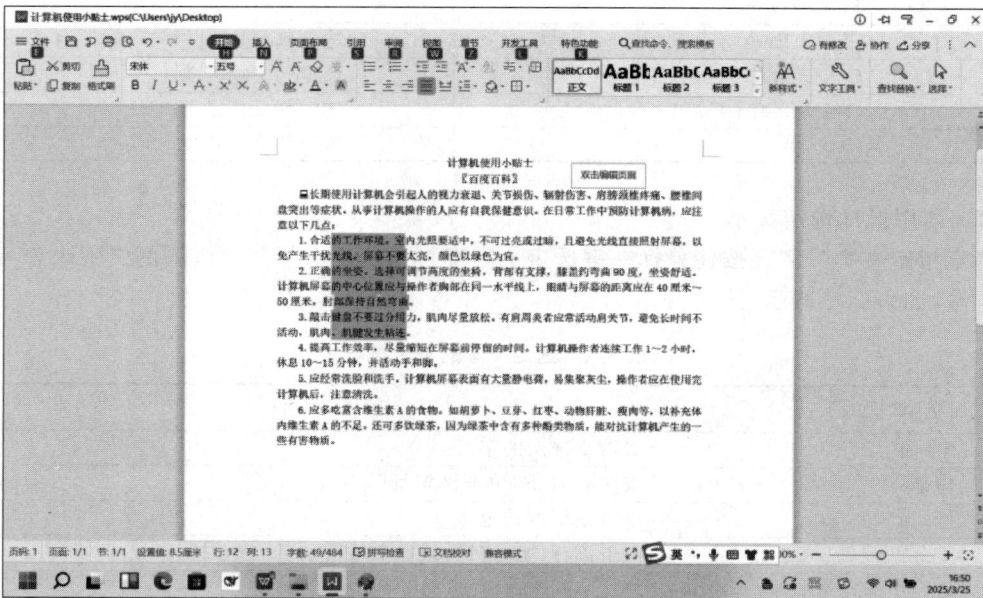

图 3.10　选定垂直矩形文本

4.剪切、复制和粘贴文本

（1）文本的复制。

把第二段文字"1.合适的工作环境……"复制到文本的最后。

① 用鼠标选定第二段文本内容,单击"开始"功能区→"复制"命令 🗐 ,将插入点定位到文本的最后,单击"粘贴"命令 🗐 ,即完成文本的复制功能。或者用键盘组合键 Ctrl+C（复制）和 Ctrl+V（粘贴）完成文本复制操作。

② 选定文本,将鼠标指向选定文本的任意位置,鼠标光标变成一个空心白色箭头,按住

Ctrl键,同时单击鼠标并拖动到新位置后再松开Ctrl键和鼠标,即完成复制功能。

（2）文本的剪切。

选定最后一段新添加的文本内容,执行"剪贴板"组→"剪贴"命令✂,或者使用键盘组合键Ctrl+X,这样就会将选定的文字剪切掉。

在复制和剪切时,系统会自动将选定文字存放至剪贴板上,剪贴板上的内容可以多次使用。

5. 另外保存文件并更名

单击"文件"选项卡→"另存为"选项,打开"另存文件"对话框,如图3.11所示;在该对话框中选择保存的位置,在"文件名"栏中输入"预防计算机对人体的伤害",保存类型为默认,最后单击"保存"按钮。

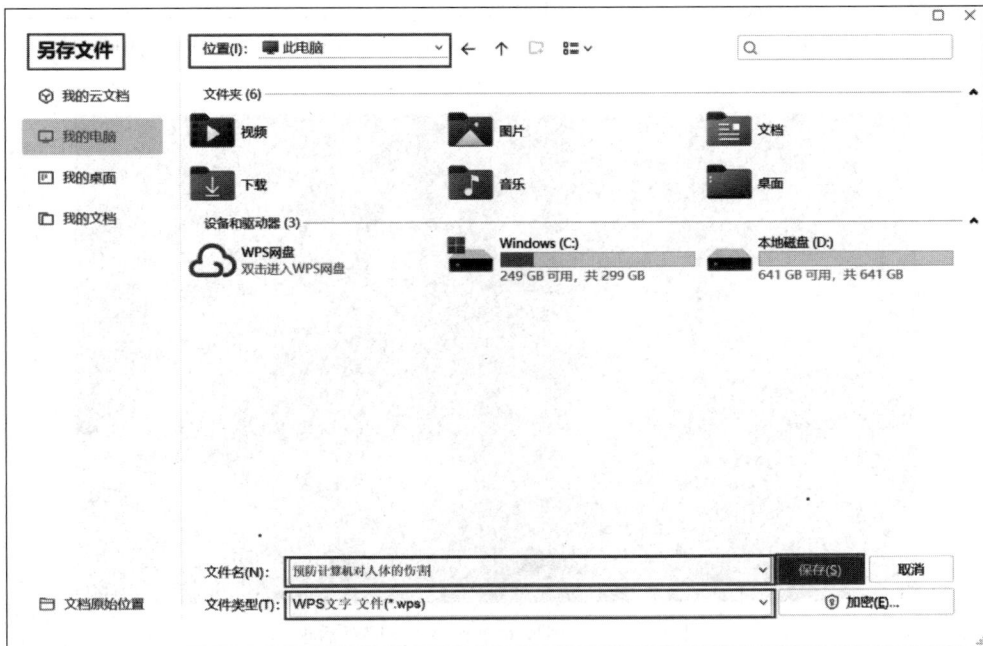

图3.11　"另存为"对话框

6. 字数统计

光标定位在文档中的任意位置,单击"审阅"功能区→"字数统计"按钮123,打开"字数统计"对话框,如图3.12所示。显示详细信息：页数、字数、字符数（不计空格）、段落数等。

7. 拼写检查和文档校对

光标定位在文档中,单击"审阅"功能区→"拼写检查"按钮A,的下拉列表,选择"拼写检查",完成全文的拼写检查,如图3.13所示。

单击"审阅"功能区→"文档校对"按钮,打开"文档校对—开始校对"对话框,如图3.14所示,单击"开始校对"按钮,完成全文的校对。在"文档校对—马上修正文档"对话框中单击"马上修正文档"按钮,如图3.15所示,完成全文的修正检查,检查出的勘误对象以黄色底纹高亮显示在正文中,修改建议显示在文档右侧的"文档校对—修改建议"对话框中。在"勘误列表"栏中逐一选择勘误对象,根据修改建议进行核对,如果核对无误,单击"忽略错词"按钮,如果核对有误,在"发现错误"栏显示错误字符,在"修改建议"栏中显示蓝色的正确字符,单击"替

23

换错误"按钮进行替换，单击"忽略错词"或"替换错误"按钮后，如图 3.16 所示，该修改建议将从勘误列表中消失。

图 3.12 "字数统计"对话框

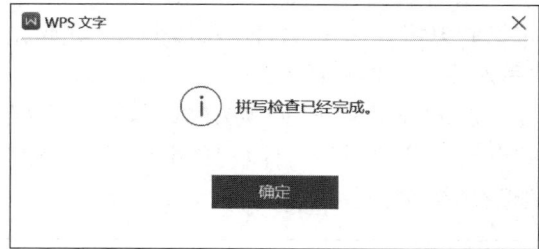

图 3.13 "拼写检查已完成"对话框

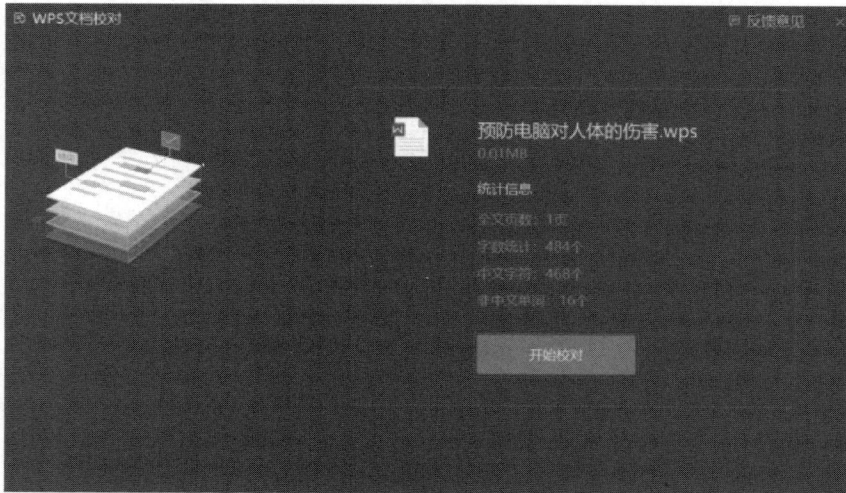

图 3.14 "文档校对—开始校对"对话框

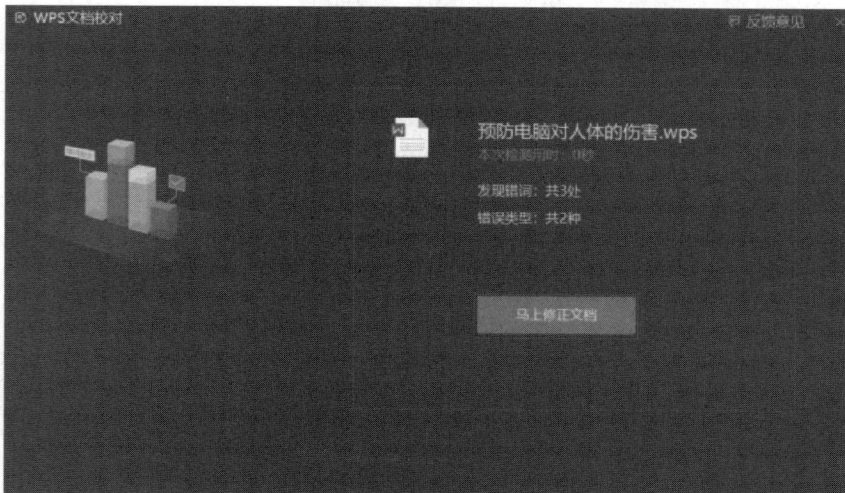

图 3.15 "文档校对—马上修正文档"对话框

图 3.16　"文档校对—修改建议"对话框

3.2　WPS Office 文档的排版

3.2.1　教学目的

（1）掌握字符格式的设置。

（2）掌握段落格式的设置。

（3）掌握分栏和首字下沉的设置。

（4）掌握页眉和页脚的设置，添加项目符号。

（5）掌握页面设置和打印文档。

3.2.2　教学内容

（1）对文档"糖尿病的防治.wps"进行字符排版，效果如图 3.17 所示。具体字符格式要求如下。

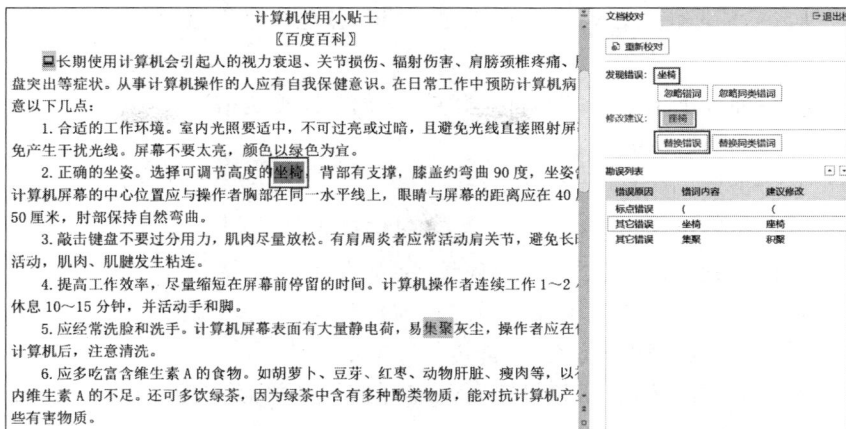

图 3.17　文档"糖尿病的防治.wps"字符排版效果

① 标题“糖尿病的防治”设置为黑体、三号、加粗、蓝色。字符缩放 150%，加宽 2 磅；正文设置为宋体、五号。

② 在“治”字后面加上上标“＊”，给标题“糖”字加上圈变为㊣糖。

③ 正文第 1 段的“糖尿病”加着重符号。

④ 正文第 2 段设置为四号、红色波浪线。

⑤ 正文第 4 段设置为四号、红色轮廓、右下斜偏移阴影。

⑥ 正文第 6 段设置为四号、添加字符底纹、字符边框。

⑦ 为正文最后一段文字加上拼音，字号为 8 磅。

⑧ 将文档另存为“糖尿病的防治(字符排版).wps”。

(2) 对文档“糖尿病的防治(字符排版).wps”进行段落排版，效果如图 3.18 所示。具体要求如下。

① 将正文第 1 段首行缩进 2 个字符，设置为等宽两栏，栏宽为 18 字符，栏间加分隔线。

② 正文第 1 段“糖”字下沉 2 行，字体为楷书，距正文 0.2 厘米。

③ 将标题设置为居中，正文第 3 段左对齐，首行缩进 2 个字符，文本前后各缩进 2 个字符，段前间距 1 行，单倍行距。

④ 正文第 5 段添加项目符号“◆”。

⑤ 为正文第 3 段添加外粗内细的边框、蓝色、4.5 磅、添加底纹为“黄色”。

⑥ 将文档另存为“糖尿病的防治(段落排版).wps”。

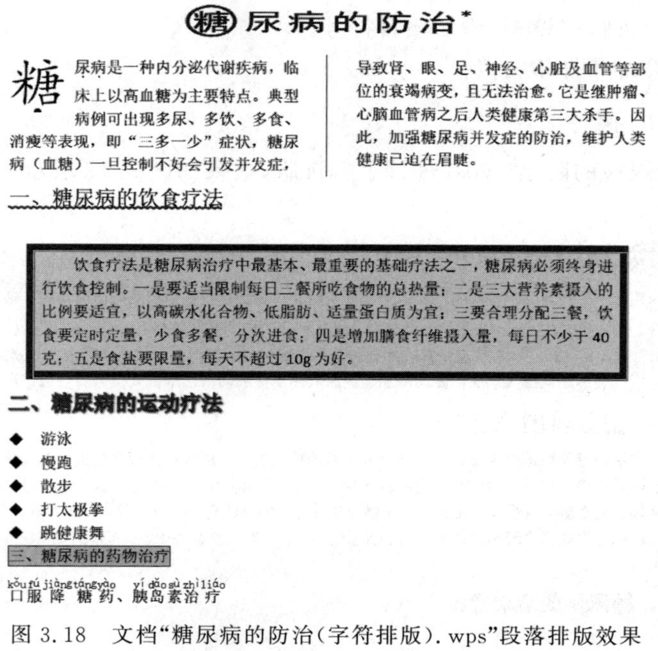
糖尿病的防治*

糖尿病是一种内分泌代谢疾病，临床上以高血糖为主要特点。典型病例可出现多尿、多饮、多食、消瘦等表现，即“三多一少”症状，糖尿病（血糖）一旦控制不好会引发并发症，导致肾、眼、足、神经、心脏及血管等部位的衰竭病变，且无法治愈。它是继肿瘤、心脑血管病之后人类健康第三大杀手。因此，加强糖尿病并发症的防治，维护人类健康已迫在眉睫。

二、糖尿病的饮食疗法

饮食疗法是糖尿病治疗中最基本、最重要的基础疗法之一，糖尿病必须终身进行饮食控制。一是要适当限制每日三餐所吃食物的总热量；二是三大营养素摄入的比例要适宜，以高碳水化合物、低脂肪、适量蛋白质为宜；三要合理分配三餐，饮食要定时定量，少食多餐，分次进食；四是增加膳食纤维摄入量，每日不少于 40 克；五是食盐要限量，每天不超过 10g 为好。

二、糖尿病的运动疗法

◆ 游泳
◆ 慢跑
◆ 散步
◆ 打太极拳
◆ 跳健康舞

三、糖尿病的药物治疗

kǒufú jiàngtángyào、yídǎosù zhìliáo
口服降糖药、胰岛素治疗

图 3.18　文档“糖尿病的防治(字符排版).wps”段落排版效果

(3) 对文档“糖尿病的防治(段落排版).wps”进行页面排版，效果如图 3.19 所示。具体要求如下。

① 上边距：2.5 厘米，下边距：3 厘米，页面左边预留 2 厘米的装订线，纵向打印，纸张大小为 A4。

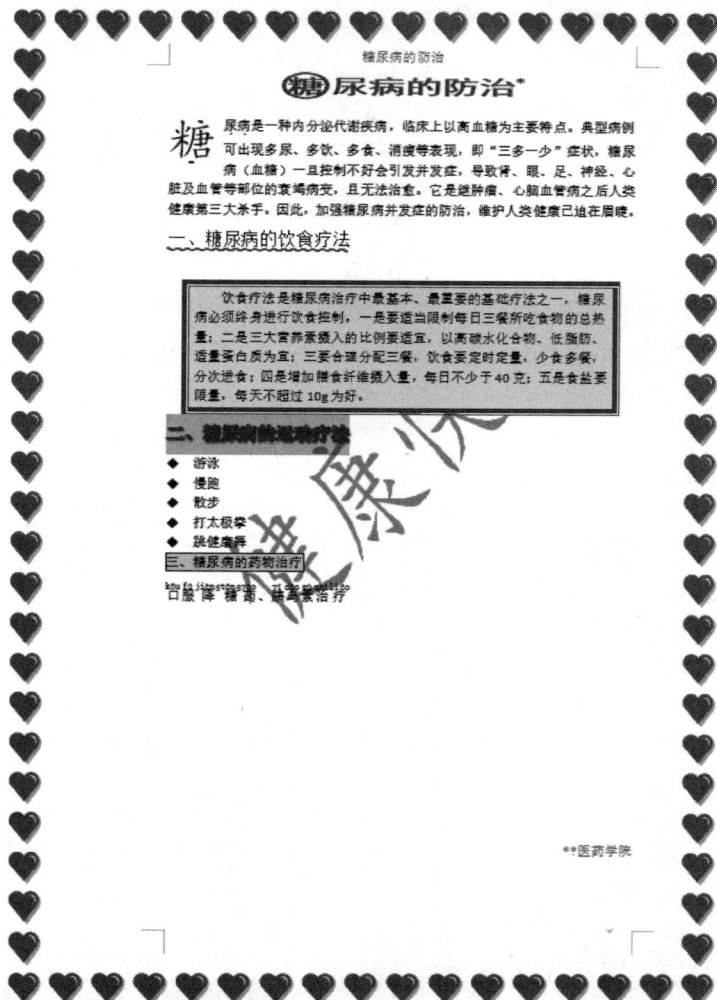

图 3.19　文档"糖尿病的防治.wps"页面排版效果

　　② 设置页眉页脚：页眉为"糖尿病的防治"、居中对齐、页眉顶端距离 2 厘米；页脚为"＊＊医药学院"，右对齐、页脚底端距离 5 厘米。

　　③ 为页面添加心形边框。

　　④ 为页面设置"健康快乐"的文字水印效果，楷书、字号 96、蓝色、倾斜，透明度为 50％。

　　⑤ 将文档另存为"糖尿病的防治（页面排版）.wps"。

3.2.3　教学步骤

　　(1) 对文档"糖尿病的防治.wps"进行字符排版，操作步骤如下。

　　① 选中文档标题"糖尿病的防治"，单击"开始"功能区→"字体"组，如图 3.20 所示；在"字体"下拉列表中选择"黑体"，"字号"为三号，"字形"为"加粗"，"颜色"为"蓝色"。在"段落"组中选择"中文版式"按钮 A▾ ，在下拉列表中选择"字符缩放"→"150％"。打开"字体"对话框的"字符间距"标签，在"间距"中选择"加宽"，值单位列表选择"磅"，值设置为"2"，单击"确定"按钮，如图 3.21 所示。

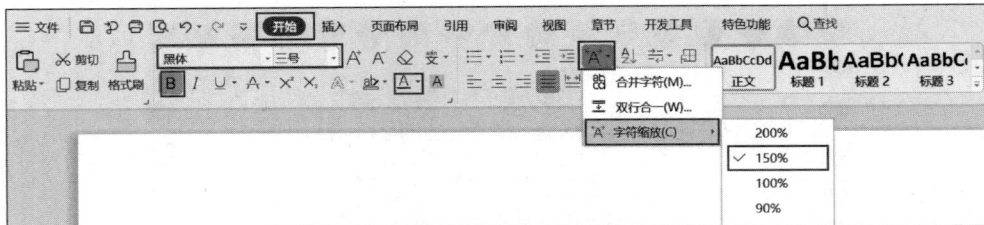

图 3.20　标题"字体、段落"组设置

选中除标题以外的正文部分，选择"开始"功能区，单击"字体"组右下角的按钮，打开"字体"对话框，在"字体"标签中选择"中文字体"为"宋体"，"字号"为"五号"，单击"确定"按钮，如图 3.22 所示。

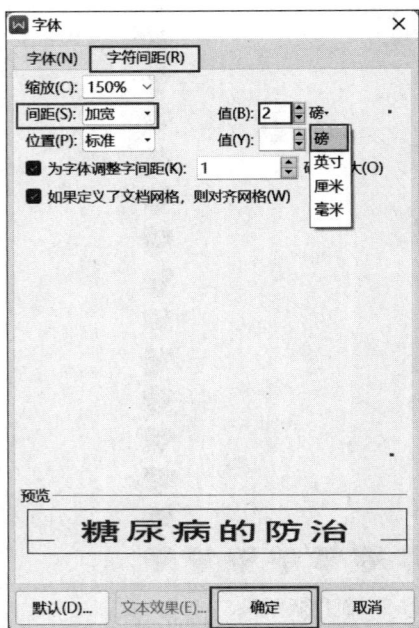

图 3.21　标题"字符间距"设置

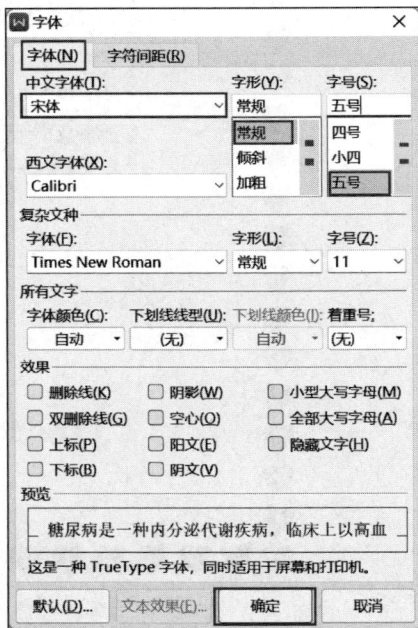

图 3.22　正文"字体"组设置

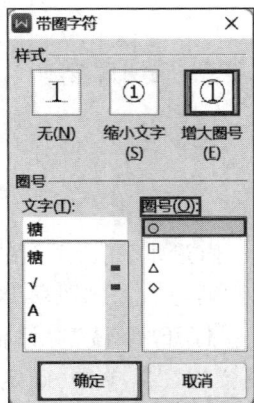

图 3.23　"带圈字符"对话框

② 将光标定位在"治"字后面，按下 Shift＋8 组合键输入符号"＊"。选中"＊"符号，单击"开始"功能区→"字体"组→"上标"按钮 X^2，设置字符的上标效果。

选中标题的"糖"字，在"字体"组中单击"拼音指南"按钮，在下拉列表中选择"带圈字符"选项，打开"带圈字符"对话框，在"圈号"中选择圆圈符号，在"样式"中选择"增大圈号"，单击"确定"按钮，如图 3.23 所示。

③ 选中正文第 1 段"糖尿病"文字，单击"开始"功能区→"字体"组右下角的按钮，打开"字体"对话框，如图 3.24 所示。在"字体"标签中"着重号"下拉列表框中选择"·"，单击"确定"按钮。

④ 选中正文第 2 段,选择"开始"功能区→"字体"组右下角的按钮,打开"字体"对话框,如图 3.25 所示;在"字体"标签中"字号"设置为四号,"下划线线型"下拉列表选择"波浪线","下划线颜色"下拉列表选择"红色",单击"确定"按钮。

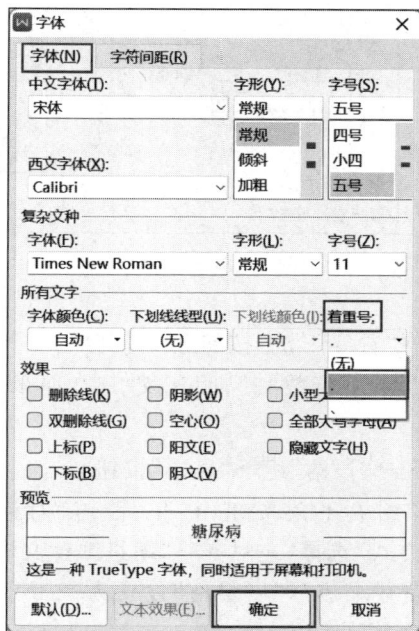

图 3.24 "着重号"设置   图 3.25 "下划线"设置

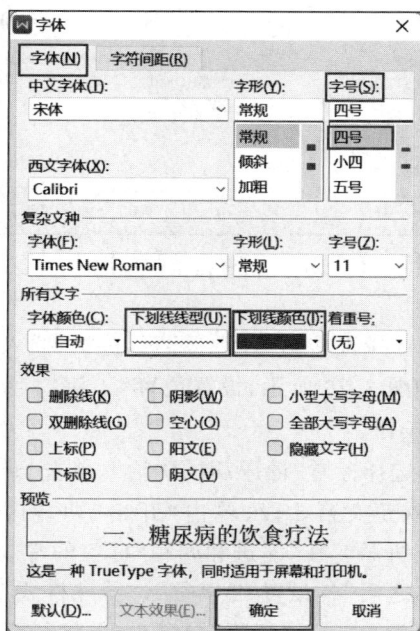

⑤ 选中正文第 4 段"二、糖尿病的运动疗法",单击"开始"功能区→"字体"组,"字号"设置为四号。选择"文字效果"按钮 A·,在下拉列表中选择"更多设置"选项,在屏幕的右侧打开的任务窗格中选择"填充与轮廓",设置"文本轮廓"线条为"实线","颜色"设置为"红色",如图 3.26 所示。在右侧的任务窗格中选择"效果",设置"阴影"为"右下斜偏移"。

⑥ 选中正文第 6 段文字内容"三、糖尿病的药物治疗",单击"开始"功能区→"字体"组,"字号"设置为四号。单击"字符底纹"按钮和"其他选项"按钮下拉列表中"字符边框"选项。

图 3.26 "填充与轮廓"选项设置

⑦ 选中正文最后一段文字,单击"开始"功能区→"字体"组→"其他选项"按钮下拉列表中"拼音指南"选项,打开"拼音指南"对话框,在"字号"中选择 8 磅,单击"确定"按钮,如图 3.27 所示。

⑧ 单击"文件"选项卡→"另存为"选项,打开"另存文件"对话框,在对话框中选择保存的位置,在"文件名"栏输入"糖尿病的防治(字符排版)",保存类型为默认,最后单击"保存"按钮。

(2) 对文档"糖尿病的防治(字符排版).wps"进行段落排版,操作步骤如下。

① 选中正文第 1 段,单击"页面布局"功能区→"页面设置"组→"分栏"下拉列表→"更多分栏",打开"分栏"对话框,设置栏数"2",勾选"分隔线"和"栏宽相等"选项,设置宽度为"18 字符",单击"确定"按钮,如图 3.28 所示。

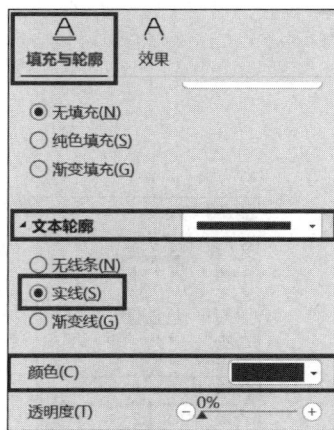

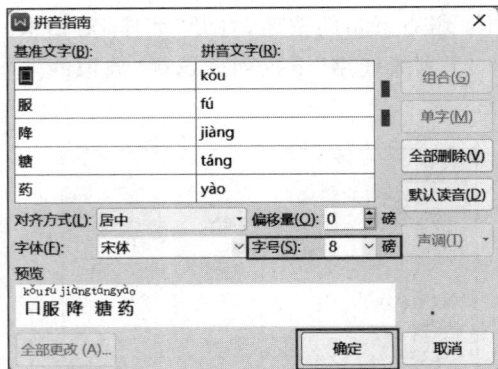

图 3.27 "拼音指南"对话框

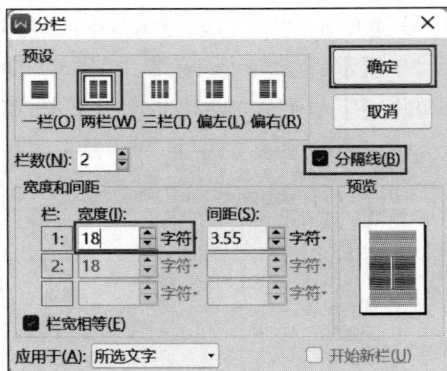

图 3.28 "分栏"对话框

② 选择正文第 1 段"糖"字，选择"插入"功能区→"首字下沉"按钮，打开"首字下沉"对话框，如图 3.29 所示，设置位置"下沉"，字体"楷体"，下沉行数"2"，距正文"0.2 厘米"，单击"确定"按钮。

③ 选择标题"糖尿病的防治"，单击"开始"功能区→"段落"组→"居中"按钮。

选择正文第 3 段，单击"开始"功能区→"段落"组右下角按钮，打开"段落"对话框，如图 3.30 所示。在"缩进和间距"标签的常规中"对齐方式"选择"左对齐"，"缩进"→"文本之前"和"文本之后"各设置"2 字符"，"特殊格式"设置为"首行缩进"，"度量值"设置为"2 字符"，"段前"设置为"1 行"，"行距"设置为"单倍行距"，单击"确定"按钮。

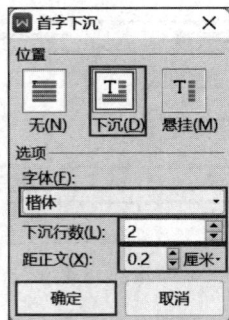

图 3.29 "首字下沉"对话框

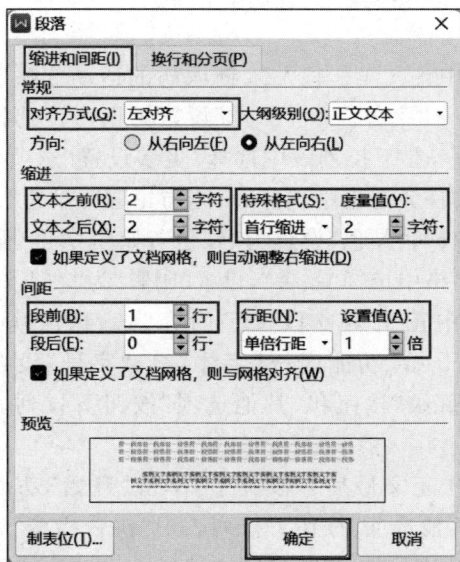

图 3.30 "段落"对话框

④ 选中正文第 5 段，单击"开始"功能区→"段落"组→"项目符号"按钮，在下拉列表中选择◆。

⑤ 选中正文第 3 段，单击"开始"功能区→"段落"组→"边框"按钮，在下拉列表中选择"边框和底纹"命令，打开"边框和底纹"对话框。在"边框"标签的"设置"栏中单击"方框"，"样

式"列表框选择外粗内细的线型▬▬,"颜色"设置为"蓝色","宽度"设置为"4.5磅",在"应用于"选择"段落",如图3.31所示;如图3.32所示,设置"底纹"标签下"填充"为"黄色",在"应用于"选择"段落",最后单击"确定"按钮。

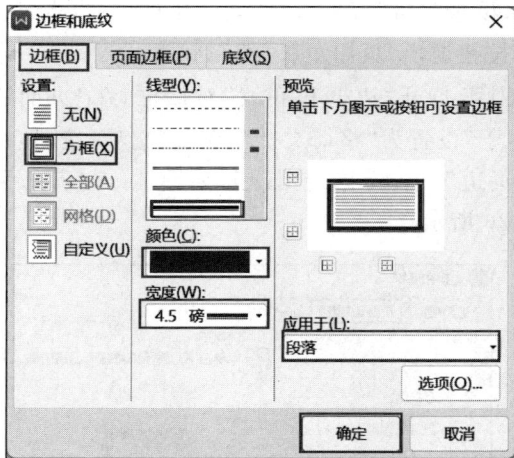

图3.31 "边框和底纹"对话框"边框"设置

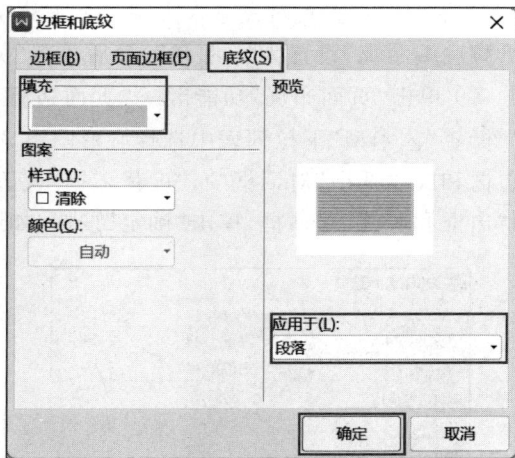

图3.32 "边框和底纹"对话框"底纹"设置

⑥ 单击"文件"选项卡→"另存为"选项,打开"另存文件"对话框,在该对话框中选择保存的位置,在"文件名"栏中输入"糖尿病的防治(段落排版)",保存类型为默认,最后单击"保存"按钮。

(3) 对文档"糖尿病的防治(段落排版).wps"进行页面设置,操作步骤如下。

① 打开文档,单击"页面布局"功能区→"页面设置"组右下角按钮,在"页面设置"对话框的"页边距"标签中,设置上页边距"上"为2.5厘米,"下"为3厘米,"装订线位置"为"左","装订线宽"为2厘米,在"应用于"选择"整篇文档",纸张"方向"为"纵向",如图3.33所示;然后在"纸张"标签中,设置"纸张大小"为A4,"应用于"选择"整篇文档",最后单击"确定"按钮,如图3.34所示。

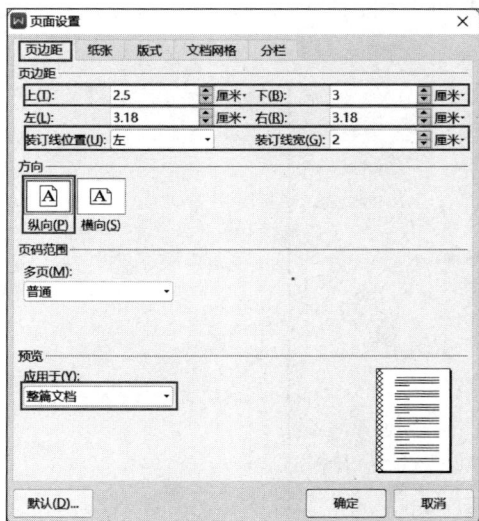

图3.33 "页面设置"对话框"页边距"设置

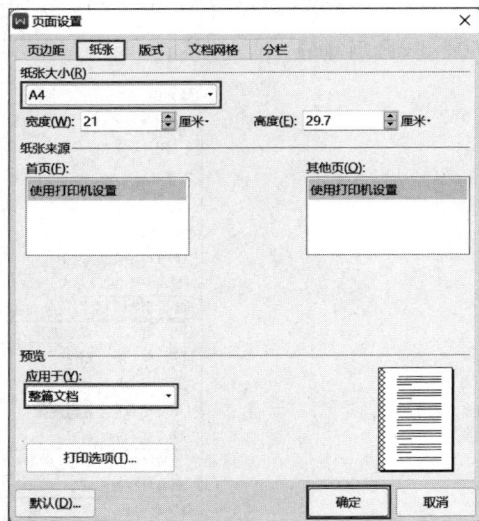

图3.34 "页面设置"对话框"纸张"设置

② 单击"插入"功能区→"页眉和页脚"按钮，打开"页眉和页脚"功能区→"页眉"下拉列表→"编辑页眉"按钮，进入页眉编辑状态，在页面最上方的页眉居中位置输入文字"糖尿病的防治"，设置字号"五号"。在"页眉和页脚"功能区→"页眉顶端距离"设置为"2 厘米"，在页面最下方的页脚位置右对齐输入文字" ∗∗ 医药学院"，设置字号"五号"，在"页眉和页脚"功能区→"页脚底端距离"设置为"5 厘米"，最后单击"关闭"按钮退出"页眉页脚"编辑状态。

③ 单击"页面布局"功能区→"页面边框"按钮，打开"边框和底纹"对话框，在"页面边框"标签"艺术型"下拉列表中选择心形图案，"应用于"设置为"整篇文档"，单击"选项"按钮，在"边框和底纹选项"对话框中，"度量依据"设置为"页边"，单击"确定"按钮，如图 3.35 所示，回到"边框和底纹"对话框，单击"确定"按钮，如图 3.36 所示。

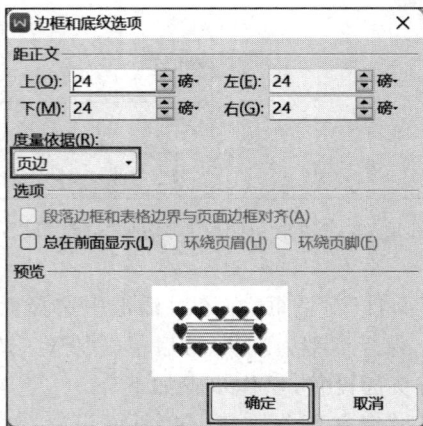

图 3.35　"边框和底纹选项"对话框中"度量依据"设置　　图 3.36　"边框和底纹"对话框中"页面边框"设置

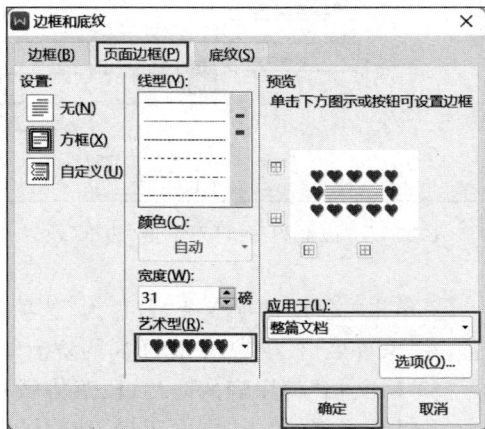

④ 选择"页面布局"功能区→"背景"按钮下拉列表中的"水印"展开项→"插入水印"选项，打开"水印"对话框，如图 3.37 所示。选择"文字水印"，"内容"栏输入"健康快乐"，"字体"设置为"楷书"，"字号"设置为"96"，"颜色"设置为"蓝色"，"版式"设置为"倾斜"，"透明度"设置为"50%"，最后单击"确定"按钮。

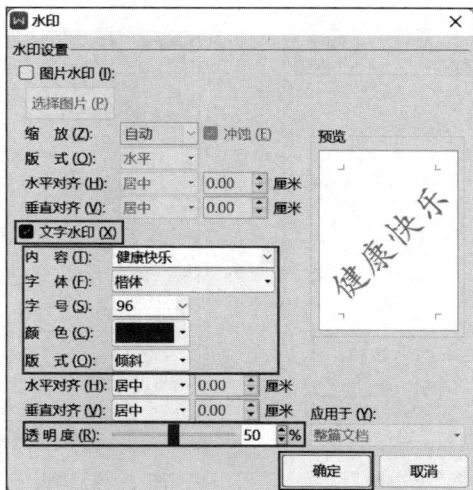

图 3.37　"水印"对话框

⑤ 单击"文件"选项卡→"另存为"选项,打开"另存文件"对话框,在该对话框中选择保存的位置,在"文件名"栏输入"糖尿病的防治(页面排版)",保存类型为默认,最后单击"保存"按钮。

3.3　WPS Office 文字表格制作与编辑

3.3.1　教学目的

（1）掌握在 WPS Office 中创建文字表格的方法。

（2）掌握合并、拆分单元格。

（3）掌握 WPS Office 文字表格的行高、列宽的设置,单元格对齐方式的设置。

（4）掌握 WPS Office 中文字表格的边框和底纹设置。

（5）掌握设置表格的斜线表头。

3.3.2　教学内容

1．创建文件

在指定位置创建文件名为"表格.wps"的文档,文档中创建"糖尿病的检验报告单",如图 3.38 所示,具体要求如下。

（1）标题文本为楷体、三号、加粗,表格外"姓名"和"检验日期"两行设置为宋体、五号、加粗。

（2）表格内文字为宋体、小四。

（3）表内第一行为黄色底纹,第二列结果中高于参考范围值的设置为红色底纹,10％样式图案。

第一人民医院检验报告单

姓名:洪强		科室:内分泌	性别:男		年龄:55 岁
检验项目	结果	提示	参考范围	单位	
葡萄糖（GLU）		↑	3.70～6.10	mmol/L	
甘油三酯（TG）		↑	0.52～1.70	mmol/L	
谷丙转氨酶（ALT）		↑	0～50	U/L	
谷草转氨酶（AST）	50		8～50	U/L	
检验日期:2025-3-15		检验者:张跃		审核者:李丽	

图 3.38　糖尿病的检验报告单

2．文本转换成表格

将如图 3.39 所示的文字内容输入在"表格.wps"文档中,并将文本转换成表格。

星期一，星期二，星期三，星期四，星期五
1-2 节，诊断学，外科学，中医学，医学影像学，中医学
3-5 节，中医学，英语，医患沟通，诊断学，麻醉学
6-7 节，医学影像学，英语，诊断学见习，体育，医患沟通
8-9 节，诊断学见习，外科学，影像学实验，预防医学，外科学

图 3.39　"课程表"文本

3．文字表格中的计算和排序

在"表格.wps"文档中创建一个学生期末成绩表,如图 3.40 所示。计算表格中每位同学的"总分"及每门课程的"平均分"（平均分保留 2 位小数）；对表格进行排序（不包括平均分行）：首先按总降序排列,若总分相同,再按外科学成绩升序排列。

2024级临本（1）班期末成绩表

科目\姓名	临床医学概要	医学影像学	外科学	诊断学	总分
吉宇波	85	73	94	65	
李秀玉	93	88	81	73	
刘丽丽	68	84	75	90	
李琦	65	58	76	82	
平均分					

图 3.40　学生期末成绩表

3.3.3　教学步骤

（1）在文档中创建"糖尿病的检验报告单"，具体操作步骤如下。

① 插入表格。新建一个 WPS Office 文档，单击"插入"功能区→"表格"按钮⊞→"插入表格"命令，打开如图 3.41 所示的"插入表格"对话框，"列数"设置为 5，"行数"设置为 5，单击"确定"按钮，在光标处插入一个 5 行 5 列的表格。

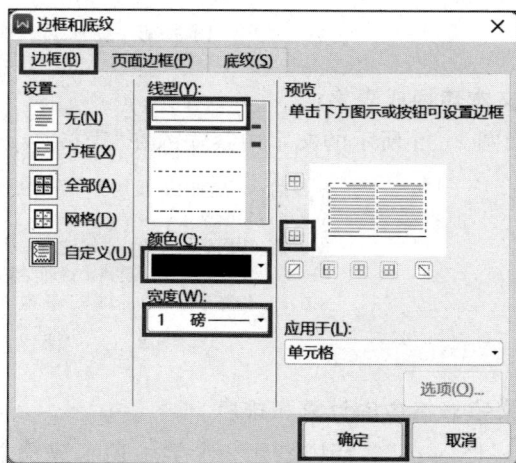

② 设置字符格式。参照图 3.38，在表格的单元格中输入相应的文字内容，选中表格，单击"开始"功能区→"字体"组，设置表内文字的"字体"为宋体，"字号"为小四。在表格上方居中位置输入标题"第一人民医院检验报告单"，设置为"楷体""三号""加粗"，表格外其他文字设置为"宋体""五号""加粗"。

③ 格式化表格。将表格调整为合适的列宽，选中表格，单击"表格工具"功能区"字体"组→"对齐方式"按钮□下拉列表中的"水平居中"选项。

选中表格，单击"表格样式"功能区→"边框"按钮下拉列表中"边框和底纹"选项，打开"边框和底纹"对话框，选择"边框"标签，在"线型"栏中选择"虚线"，在"颜色"栏中选择"蓝色"，在"宽度"栏中选择"1 磅"，单击"确定"按钮。选择表格第一行，打开"边框和底纹"对话框，选择"边框"标签，在"线型"栏中选择"单实线"，在"颜色"栏中选择"黑色"，在"宽度"栏中选择"1磅"，在"预览"栏中选择"上边框"和"下边框"按钮，单击"确定"按钮。选择表格最后一行，打开"边框和底纹"对话框，选择"边框"标签，在"线型"栏中选择"单实线"，在"颜色"栏中选择"黑色"，在"宽度"栏中选择"1 磅"，在"预览"栏中选择"下边框"按钮，如图 3.42 所示，最后单击"确定"按钮。

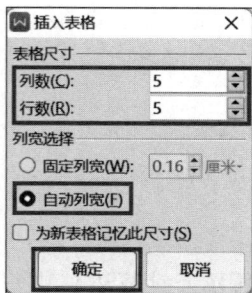

图 3.41　"插入表格"对话框　　　　图 3.42　"边框和底纹"对话框中"下边框"设置

选择表格第一行,打开"边框和底纹"对话框,选择"底纹"标签,在"填充"栏中选择"黄色",单击"确定"按钮,如图 3.43 所示。

选择表格内容分别为"9.18""2.85""75"的三个单元格,打开"边框和底纹"对话框,选择"底纹"标签,在"填充"栏中选择"红色","图案"栏的"样式"下拉列表中选择 10%,如图 3.44 所示,最后单击"确定"按钮。

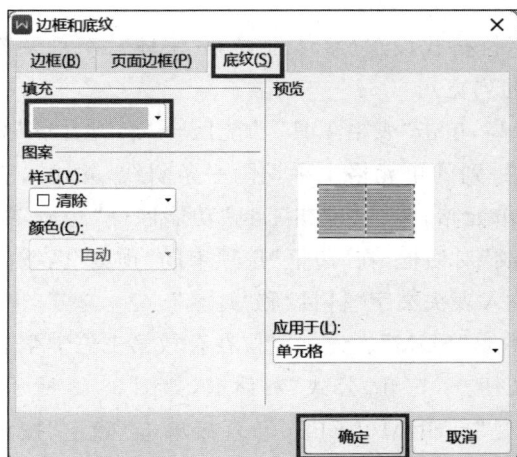

图 3.43　设置"黄色"底纹填充　　　　　图 3.44　设置"10%图案红色"底纹填充

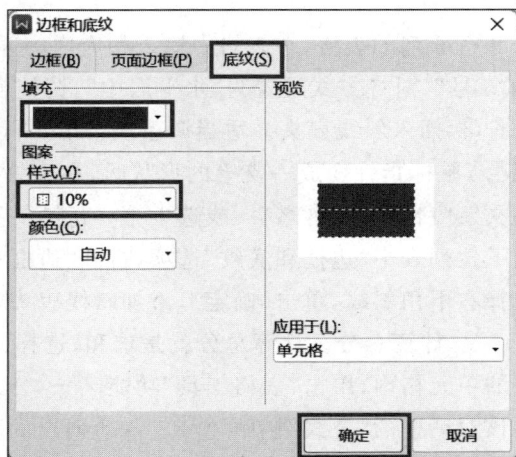

（2）文本转换成表格。

① 参照图 3.39,在文档中输入文本内容(注意:"."是英文状态下的逗号)。

② 选中文本内容,单击"插入"功能区→"表格"按钮⊞,在下拉列表中选择"文本转换成表格"命令,打开"将文字转换成表格"的对话框,如图 3.45 所示,在该对话框中,设置"列数"为 6、"分隔字符位置"为"逗号",单击"确定"按钮,实现了文本到表格的转换。转换结果如图 3.46 所示。

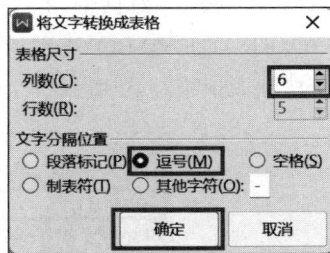

图 3.45　"将文字转换成表格"对话框

	星期一	星期二	星期三	星期四	星期五
1-2 节	诊断学	外科学	中医学	医学影像学	中医学
3-5 节	中医学	英语	医患沟通	诊断学	麻醉学
6-7 节	医学影像学	英语	诊断学见习	体育	医患沟通
8-9 节	诊断学见习	外科学	影像学实验	预防医学	外科学

图 3.46　文字转换成表格结果

③ 选中表格,单击"表格样式"功能区→"内置表格样式"下拉列表中选择"浅色样式 2"样式,自动套用表格样式后的效果如图 3.47 所示。

（3）在文档中创建学生期末成绩表,进行"平均分"和"总分"的计算,并进行排序。

① 创建表格。参照图 3.40,在文档中单击"插入"功能区→"表格"按钮⊞→"插入表格"命令,打开"插入表格"对话框,"列数"设置为 6,"行数"设置为 6,单击"确定"在光标处插入一

	星期一	星期二	星期三	星期四	星期五
1-2节	诊断学	外科学	中医学	医学影像学	中医学
3-5节	中医学	英语	医患沟通	诊断学	麻醉学
6-7节	医学影像学	英语	诊断学见习	体育	医患沟通
8-9节	诊断学见习	外科学	影像学实验	预防医学	外科学

图 3.47　文字转换成表格效果图

个 6 行 6 列的表格,在表格中输入相应内容并做字符格式设置(字体设置为"宋体",字号设置为"5 号",对齐方式设置为"水平居中",调整合适的列宽)。

② 插入斜线表头。适当调整表格第一行的行高,单击"表格工具"功能区→"绘制表格"按钮🖼,鼠标指针变成一支笔的形状时,在第一行第一列的单元格中手动画一条斜线,并输入表头文字"科目"和"姓名"。或选中第一行第一列的单元格,单击"表格工具"功能区→"边框"按钮下拉列表中"边框和底纹"选项,打开"边框和底纹"对话框,在"边框"选项卡的"预览"区域内选择右下角斜线,单击"确定",添加斜线表头,并输入表头文字"科目"和"姓名"。

③ 计算总分。计算总分就是求和,选择的函数是"SUM"。光标定位在存放第 1 位学生总分的单元格内,单击"表格工具"功能区→"公式"按钮 fx,打开"公式"对话框,如图 3.48 所示。在该对话框的"公式"栏中,WPS 自动列出的公式是"=SUM(LEFT)",直接单击"确定"按钮计算出第一位学生的总分。用同样的方法计算其他几位学生的总分。若公式不正确,则单击"粘贴函数"下拉列表选择 SUM,在"公式"栏中输入正确的公式即可。

④ 计算平均分。计算平均分的函数是 AVERAGE。单击最后一行每一列学生的平均分单元格,打开"公式"对话框,在"粘贴函数"下拉列表中选择 AVERAGE,在"公式"栏中输入公式"=AVERAGE(ABOVE)",在"编号格式"栏选择"0.00",设置平均分保留 2 位小数,单击"确定"按钮,如图 3.49 所示。

图 3.48　"公式"对话框中求总分　　　图 3.49　"公式"对话框中求平均分

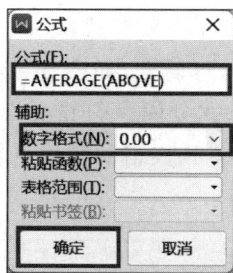

⑤ 表格排序。将光标定位在任意单元格,单击"表格工具"功能区→"排序"按钮↕️,打开"排序"对话框,如图 3.50 所示。在"列表"中选择"有标题行"单选钮,在"主要关键字"中选择"总分",在"类型"中选择"数字",勾选"降序"选项。在"次要关键字"中选择"外科学",在"类型"中选择"数字",勾选"升序"选项,单击"确定"按钮。

计算每个学生的总分、每门成绩的平均分和排序后,结果如图 3.51 所示。

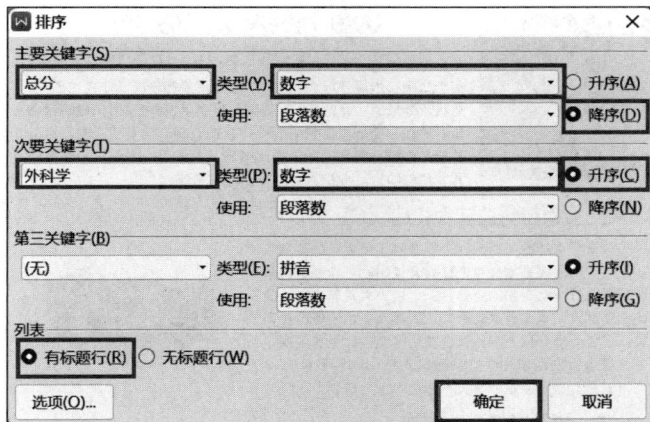

图 3.50 "排序"对话框

姓名 科目	临床医学概要	医学影像学	外科学	诊断学	总分
李秀玉	93	88	81	73	335
刘丽丽	68	84	75	90	317
吉宇波	85	73	94	65	317
李琦	65	58	76	82	281
平均分	77.75	75.75	81.50	77.50	

图 3.51 计算总分、平均分、排序后的表格

3.4 WPS Office 图形对象编辑

3.4.1 教学目的

(1) 掌握图片文件的插入方法。

(2) 掌握艺术字的插入方法。

(3) 掌握利用"图片"工具栏编辑图片。

(4) 掌握设置"背景效果"。

(5) 掌握文本框的插入、边框和底纹的设置方法。

3.4.2 教学内容

(1) 在文档"糖尿病的防治(字符排版).wps"中插入三张图片,并设置运动图片为"半倒影",如图 3.52 所示。

(2) 制作一份"秋季健康知识"小报,如图 3.53 所示。

3.4.3 教学步骤

在文档"糖尿病的防治(字符排版).wps"中插入三张图片,并设置运动图片为"半映像",如图 3.52 所示。

1. 插入图片

文档标题设置为"居中对齐",其他段落"特殊格式"的"首行缩进"设置为"2 个字符"。光标定位在要插入图片的位置,单击"插入"功能区→"图片"按钮,在展开的对话框中单击"更

（糖）尿病的防治[*]

糖尿病是一种内分泌代谢疾病，临床上以高血糖为主要特点。

典型病例可出现多尿、多饮、多食、消瘦等表现，即"三多一少"症状，糖尿病（血糖）一旦控制不好会引发并发症，导致肾、眼、足、神经、心脏及血管等部位的衰竭病变，且无法治愈。它是维肿瘤、心脑血管病之后人类健康第三大杀手。因此，加强糖尿病并发症的防治，维护人类健康已迫在眉睫。

二、糖尿病的饮食疗法

饮食疗法是糖尿病治疗中最基本、最重要的基础疗法之一，糖尿病必须终身进行饮食控制。一是要适当限制每日三餐所吃食物的总热量；二是三大营养素摄入的比例要适宜，以高碳水化合物、低脂肪、适量蛋白质为宜；三要合理分配三餐，饮食要定时定量，少食多餐，分次进食；四是增加膳食纤维摄入量，每日不少于40克；五是食盐要限量，每天不超过10g为好。

二、糖尿病的运动疗法

游泳
慢跑
散步
打太极拳
跳健康舞

三、糖尿病的药物治疗

kǒu fú jiàng táng yào   yì dǎo sù zhì liáo
口服 降 糖药、胰岛素治 疗

图 3.52 文档"糖尿病的防治（字符排版）.wps"中插入图片

图 3.53 "秋季健康知识"小报

多"，在屏幕的右侧出现"图片库"任务窗格，在窗格中的"搜索"框中输入"医生"，在下面的搜索结果中选择一张"医生"的图片并单击，即可把图片插入光标所在位置。选中"医生"图片，打开"图片工具"功能区→"文字环绕"下拉列表 中选"四周型环绕"，如图 3.54 所示，选中图片，调整图片合适大小。

2．插入外部图片

光标定位在要插入图片的位置，单击"插入"功能区→"图片"按钮 ，在展开的对话框中单击"来自文件"按钮，打开"插入图片"对话框，选择事先准备好的蔬菜图片，按下"打开"按钮，即可在光标处插入外部图片。选择蔬菜图片，在"图片工具"功能区→"文字环绕"下拉列表 中选择"浮于文字上方"。将光标定位在文档第三段的右侧，在"视图"功能区选择"标尺"命令，启动标尺后，调整水平标尺上"右缩进"滑块到适当位置，将蔬菜图片移动到空白位置。

光标定位在要插入图片的位置，单击"插入"功能区→"图片"按钮 ，在展开的对话框中单击"来自文件"按钮，打开"插入图片"对话框，选择事先准备好的运动图片，按下"打开"按钮，即可在光标处插入外部图片。选择运动图片，在"图片工具"功能区→"文字环绕"下拉列表 中选择"浮于文字上方"。在"图片工具"功能区→"图片效果"下拉列表 中选择"倒影"→"倒影变体"→"半倒影"选项，如图 3.55 所示。

图 3.54　设置图片环绕方式　　　　图 3.55　设置"倒影"图片效果

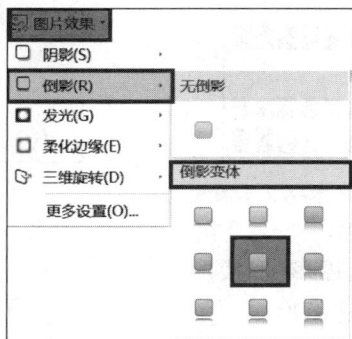

制作一份"秋季健康知识"小报，效果如图 3.53 所示。

1．设置页面版式

单击"页面布局"功能区→"页面设置"组→"纸张方向"按钮 ，在下拉列表中选择"横向"。

2．设计标题

单击"插入"功能区→"艺术字"按钮 ，在下拉列表中选择第一排第 3 个样式，如图 3.56 所示。在光标处插入艺术字文本框，输入文字"秋季健康知识"，设置字体为"宋体"，字号为 48。

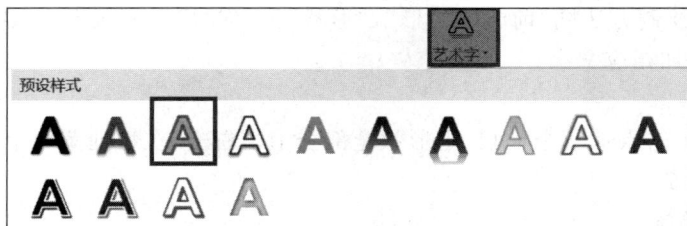

图 3.56　设置"艺术字"样式

参照图 3.53,将艺术字移动到相应位置,单击"文本工具"功能区→"文本填充"按钮,在下拉列表中选择"巧克力黄",如图 3.57 所示。单击"文本效果"按钮,在下拉列表中选择"发光"子菜单"发光变体"栏中的第一排第二个样式,如图 3.58 所示。单击"文本效果"按钮,在下拉列表中选择"转换"子菜单"弯曲"栏中的"双波形 1",标题"秋季健康知识"的艺术字效果设计完成。

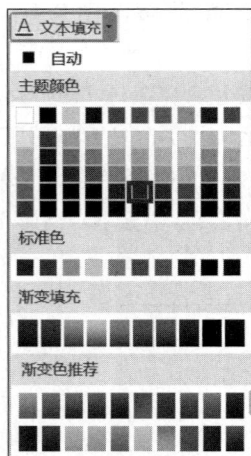

图 3.57　设置"艺术字文本填充"　　　　　图 3.58　设置"发光"文本效果

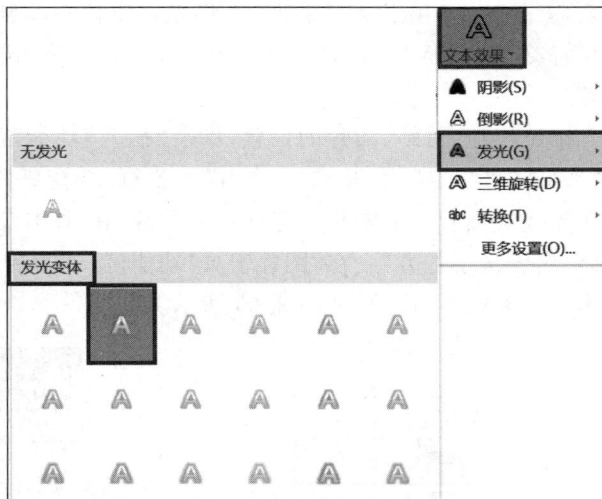

3．插入自选图形（形状）

（1）绘制自选图形。

单击"插入"功能区→"形状"按钮，在下拉列表中选择"星与旗帜"分类中的"前凸弯带形"按钮。此时,鼠标指针变成十字形,拖动鼠标在文档中画出"前凸弯带形"的形状。选中形状,四周会出现 8 个控点,单击鼠标拖动调整大小。选中的形状后,中间会出现黄色的"棱形控点",单击后移动可调整形状。

（2）设置形状的颜色。

选中形状,单击"绘图工具"功能区→"设置形状格式"组→"形状填充"按钮，选择"橙色,浅色 40%","形状轮廓"为"绿色"。

（3）给形状增加文字。

选中形状,单击右键,在快捷菜单中选择"添加文字"选项,在形状中增加相应的文字"秋令保健以养肺为主",将文字选中,设置为艺术字库中的"矢车菊蓝",字号"小四",加宽"2"磅。

（4）另一形状绘制方法同"前凸弯带形","形状"为"椭圆","形状填充"为"黄色","形状轮廓"为"浅绿",并添加相应文字。

（5）组合形状。

按住 Shift 键单击点选两个形状,则形状全部全中。右击,在快捷菜单中选择"组合"→"组合",完成形状的绘制。

4．文本框的绘制

（1）插入文本框。

单击"插入"功能区→"绘制文本框"按钮，在下拉列表中选择"横向"选项,鼠标指针变为十字形,在文档中画出一个文本框。选中文本框,改变大小和位置,在文本框内部输入相应的文字内容。

（2）设置文本框。

选中文本框,单击"绘图工具"功能区→"形状轮廓"按钮▭→"无无线条颜色"选项,去掉文本框的外边框。单击"形状填充"按钮⬡→"无填充颜色"选项,去掉文本框的填充色。

注意：其他文本框的绘制方式相同。"秋季茶疗养身小知识"文本框的"形状填充"为"绿色","形状轮廓"为"无线条颜色","形状效果"为"阴影"→"外部"→"向右偏移"。

5. 艺术字的设置

（1）小标题"秋季口干舌燥怎么办?"

单击"插入"功能区→"艺术字"按钮🅐,在下拉列表中选择"渐变填充-蓝钢"样式,输入文字"秋季口干舌燥怎么办?",设置字体为"楷体",字号为"小二"。选中艺术字,单击"绘图工具"功能区→"文字方向"按钮,改变文字方向。把艺术字移动到适当的位置。

（2）小标题"秋季疾病与预防提示"。

单击"插入"功能区→"艺术字"按钮🅐,在下拉列表中选择"填充-白色,轮廓-着色2",输入文字"秋季疾病与预防提示",设置字体为"仿宋",字号为"二号",字形为"加粗",加宽"6磅"。

（3）小标题"秋季茶疗养身小知识"。

单击"插入"功能区→"艺术字"按钮🅐,在下拉列表中选择"渐变填充-亮石板灰"样式,输入小标题文字"秋季茶疗养身小知识",设置文本填充为"浅绿色",字体为"黑体","小一号"、"加粗"。

选中小标题,单击"文本工具"功能区→"设置文本效果格式"组→"文本效果"按钮🅐→"阴影"菜单→"透视"分类→"左上对角透视"选项,如图3.59所示。

单击"文本效果"按钮→"转换"菜单→"弯曲"分类→"双波形2"选项,如图3.60所示。

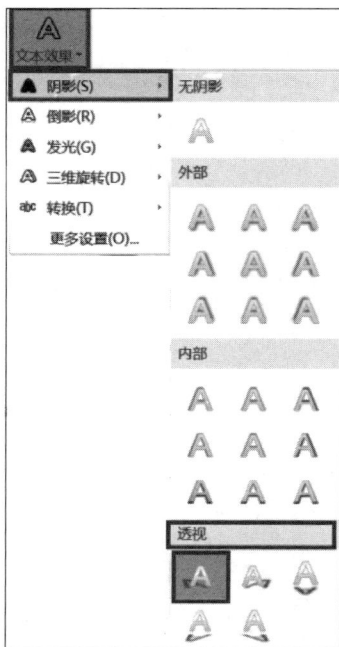

图3.59　设置"阴影"文本效果

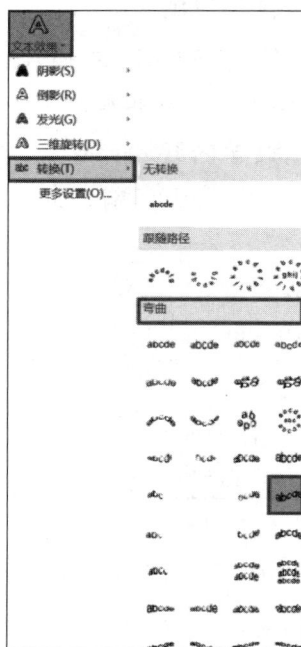

图3.60　设置"转换"文本效果

6. 插入图片

（1）插入和调整图片。

光标定位在要插入图片的位置，单击"插入"功能区→"插图"组→"图片"按钮🖼，打开"插入图片"对话框，选择事先准备好的图片，单击"打开"按钮。选择图片，在"图片工具"功能区→"环绕"的下拉列表中选择"浮于文字上方"选项，并调整图片的位置和大小。

（2）设置图片背景。

对于有背景图案的图片，可单击"图片工具"功能区→"抠除背景"按钮🖊，在下拉列表中选择"设置透明色"选项，然后单击图片的背景位置。

（3）设置图片艺术效果。

选中一张图片，在"图片工具"功能区→"图片效果"下拉列表中选择一种效果。

7. 设置背景颜色

单击"页面布局"功能区→"背景"按钮→"其他背景"菜单→"渐变"选项，打开"填充效果"对话框，如图 3.61 所示。在"渐变"选项卡的"颜色"栏中选择"双色"，在右边的"颜色 1"列表中选择"白色"，"颜色 2"列表中选择"巧克力黄"，在"底纹样式"栏中选择"水平"，最后单击"确定"按钮。

图 3.61　"填充效果"对话框

3.5　WPS Office 插入公式

3.5.1　教学目的

（1）掌握在 WPS Office 中插入公式的方法。
（2）掌握使用公式编辑器。

3.5.2　教学内容

在 WPS Office 文档中输入如下公式。

（1）$y = \dfrac{5}{7} \sqrt[2]{x^2 + 2} + \sum\limits_{i=1}^{n} y^2$

（2）$x = \lim\limits_{n \to \infty} \left(1 + \dfrac{1}{n}\right)^2 + \int_0^{10} \sqrt[3]{y^2} \, \mathrm{d}x$

（3）$y = \dfrac{\alpha + \beta}{\sqrt{x}}$

（4）$\sum\limits_{k=1}^{\infty} \dfrac{(-1)^{k-1}}{(2k-1)^2} \sin k$

（5）$H = 3R^2 \int_1^n \sin^2 \theta \cos^2 \mathrm{d}\theta$

（6）$\lim\limits_{n \to \infty} \dfrac{2n+1}{n} = 2$

（7）$y = \mathrm{e}^{\sqrt{x^2 + 1}}$

$$(8) \quad y = \dfrac{1}{\lg(3x-2)}$$

3.5.3　教学步骤

利用公式编辑器在文档中书写公式 $y = \dfrac{5}{7}\sqrt[2]{x^2+2} + \sum\limits_{i=1}^{n} y^2$。

（1）打开公式编辑器。

打开 WPS Office 文档窗口，单击"插入"功能区→"公式"按钮 π，则在光标处插入一个"空白公式框" 。此时，WPS Office 会出现如图 3.62 所示的"公式编辑器"窗口。

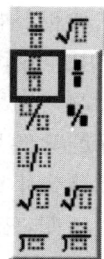

（2）编辑公式。

光标定位在"公式编辑器"窗口 中输入" $y=$ "；单击"分式和根式模板"按钮，在下拉列表中选择"分数（竖式）"选项，如图 3.63 所示。在公式框中出现"分式符号"，然后单击每个虚线框，依次输入相应的内容。

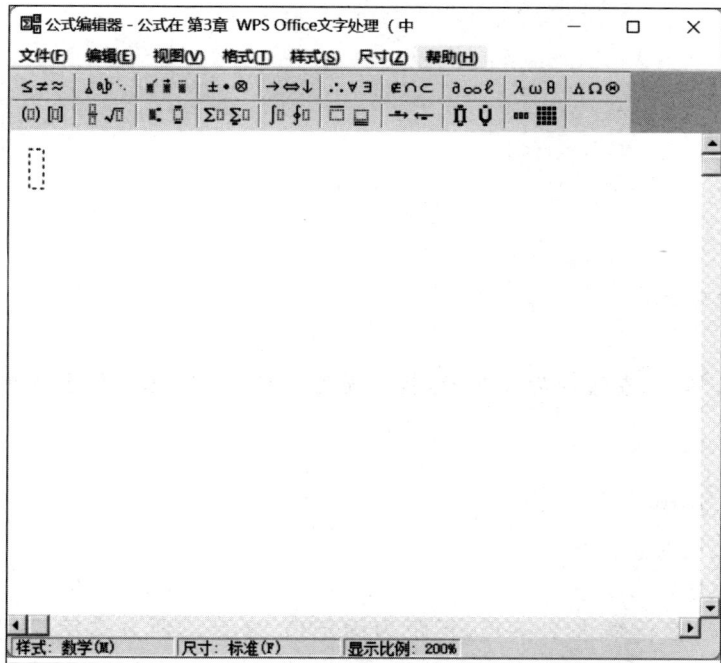

图 3.62　"公式编辑器"窗口

图 3.63　"分数（竖式）"选项

单击"分式和根式模板"按钮，在下拉列表中选择"方根"选项，公式框出现"根式符号"，用单击方根符号外的虚线框输入 2，单击方根符号内的虚线框输入 x^2+2。其中 x^2 的输入需要单击"标和上标模板"按钮，在下拉列表中选择"上标"选项，单击虚线框输入相应的数据。

单击 x^2+2 的结尾处，注意此时光标应该位于根式外，输入"＋"。单击"求和模板"按钮，在下拉列表中选择"求和"选项，在上、下、右的虚线框中分别输入"n""i＝1""y^2"。其中，y^2 输入方式与 x^2 的输入方式相同。

（3）用鼠标在公式输入框外，结束公式输入，关闭公式编辑器回到文档中继续其他公式编辑。

3.6　WPS Office 高级排版技巧

3.6.1　教学目的

（1）掌握样式的使用；

（2）掌握自动生成目录的方法；

（3）掌握不同格式页码的设置方法。

3.6.2　教学内容

参照如下毕业设计（论文）结构完成给定论文的排版。

1．毕业设计（论文）文稿结构

（1）封面。

（2）论文原创声明及版权使用授权书。

（3）目录（必须添加目录）。

（4）标题。

（5）摘要（一级标题）。

（6）关键词。

（7）正文。

（8）参考文献（一级标题）。

（9）致谢（一级标题）。

2．毕业设计（论文）文稿格式要求

（1）页面设置。

纸张为 A4，上、下边距为 2.5 厘米，左边距为 3 厘米，装订线为左侧 0.5 厘米。标题为黑体、小二号、加粗、居中。

（2）使用样式设置。

一级标题为三号、黑体、加粗、居中。

二级标题为四号、黑体、加粗、居左。

三级标题为小四、黑体、加粗、居左。

正文为小四、宋体、两端对齐、首行缩进 2 字符、行距为固定值 27 磅。西方文字符用 Times New Roman 字体。

（3）自动生成目录。

目录为三级目录样式。

（4）添加封面页等内容。

添加封面页、论文原创声明及版权使用授权书，并填写学院、专业、学号、姓名（真实姓名和学号）等内容。

（5）使用分页功能。

封面、论文原创声明及版权使用授权书、目录、标题、中英文摘要、正文、参考文献、致谢每一页使用分页功能。

（6）插入页码。

封面、论文原创声明及版权使用授权书页不排页码。

目录页码单独编排，设置为页脚、居中显示（Ⅰ、Ⅱ、Ⅲ）。

正文页码设置为页脚、居中显示（1、2、3）。

（7）页眉设置。

要求除封面页，论文原创声明及版权使用授权书页外，从目录页开始将其他页的页眉设置为"湖北医药学院本科毕业设计（论文）"。

（8）更新目录。

检查完整篇论文格式后，完成目录的更新。

设置目录标题为三号、黑体、加粗、居中。

目录内容为仿宋、四号。

3.6.3 教学步骤

根据以上要求对论文排版，其操作步骤如下。

1. 页面设置

单击"页面布局"功能区→"页面设置"组右下角按钮，打开"页面设置"对话框，如图3.64所示，设置上、下页边距为"2.5厘米"，"装订线宽"为"0.5厘米"，"装订线位置"为"左"，"纸张大小"为A4。选中论文标题，单击"开始"功能区→"字体"组右下角按钮，打开如图3.65所示的"字体"对话框，"中文字体"设置为"黑体"、"字形"设置为"加粗"，"字号"设置为"小二"，单击"确定"按钮，单击"段落"组的"居中对齐"按钮，将标题居中对齐。

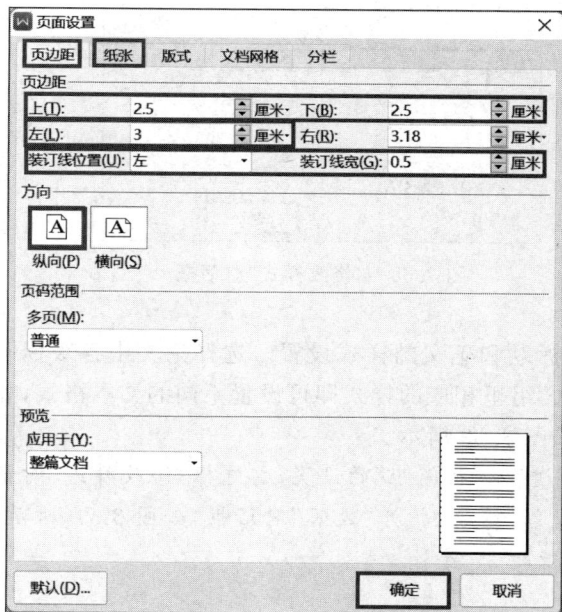

图 3.64 "页面设置"对话框

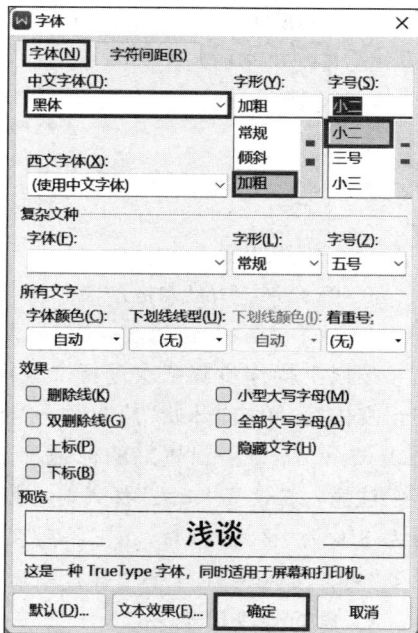

图 3.65 "字体"对话框

2. 设置各级标题样式

在新建的文档中，WPS Office 提供了固定的内置样式，包括标题和正文等。实际应用中，可以在此基础上按照要求对它们进行适当的修改。下面以标题1为例介绍操作步骤，其他样式的操作方法相同。

单击"开始"功能区→"样式"组右下角的对话框启动器，如图3.66所示，打开"样式和格式"对话框，在"样式和格式"对话框中点开"标题1"右侧的下拉按钮选择"修改"选项，如图3.67所示，打开"修改样式"对话框，如图3.68所示，设置"黑体""三号""加粗""居中"，最后单击"确定"按钮完成一级标题的修改。

图3.66 "样式和格式"组

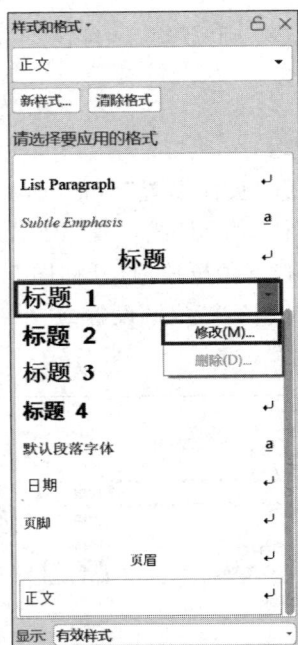

图3.67 "样式和格式"对话框

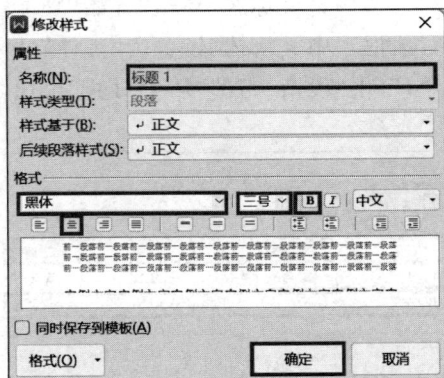

图3.68 "修改样式"对话框

按以上操作步骤依次进行二级标题、三级标题和正文的样式设置。选择论文中各级标题和正文内容，单击"开始"功能区→"样式和格式"组里相应的样式即可设置不同的文本格式，如图3.66所示，统一设置好的标题及正文样式如图3.69所示。

注意：在设置"正文"样式时，对于"首行缩进"及"行间距"的设置，需选择"修改样式"对话框左下角的"格式"按钮，在下拉列表中选择"段落"选项，打开"段落"对话框，如图3.70所示，设置"对齐方式两端对齐""首行缩进2字符""行距27磅"。

3. 自动生成目录

当论文中的所有内容都输入完成，每章的各级标题及正文都符合要求时，则可以进行自动生成目录。

（1）定位。

将插入点移动到文档的首页首行前，即第一章的标题文字前，如"第1章 绪论"。

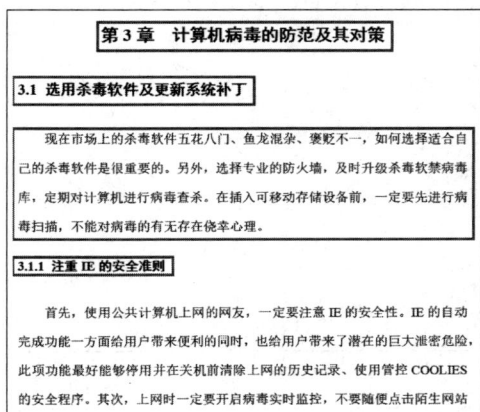

图 3.69　统一"样式"设置的标题、正文

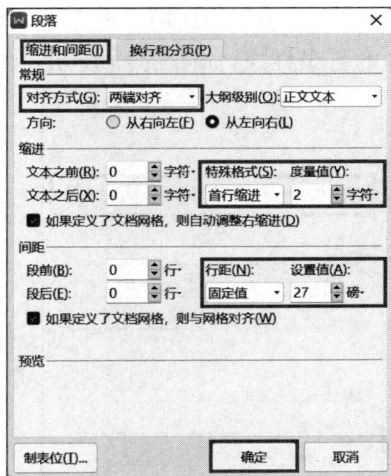

图 3.70　"段落"对话框

（2）插入空白页。

单击"插入"功能区→"空白页"按钮，在下拉列表中选择"竖向"选项，此时文档在最前方插入一张空白页。

（3）生成目录。

将插入点定位到文档的"空白页"首页首行，按 Enter 键换行到下一段落，留出一行，为将来插入"封面页及原创声明页"留出位置，单击"引用"功能区→"目录"按钮，在下拉列表中选择"自定义目录"选项，如图 3.71 所示，打开"目录"对话框，如图 3.72 所示，在该对话框中会显示论文所使用的标题样式级别，本文中"显示级别"为"3"，单击"确定"按钮在光标处生成目录。

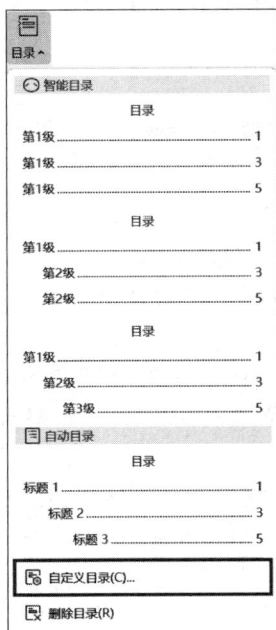

图 3.71　"目录"下拉列表

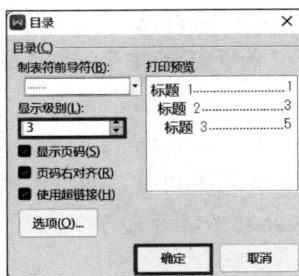

图 3.72　"目录"对话框

或者单击"引用"功能区→"目录"按钮，在下拉列表中选择"智能目录"组中符合论文标题级别的目录样式，如图 3.73 所示，自动在插入点生成目录，如图 3.74 所示。

图 3.73　"目录"下拉列表

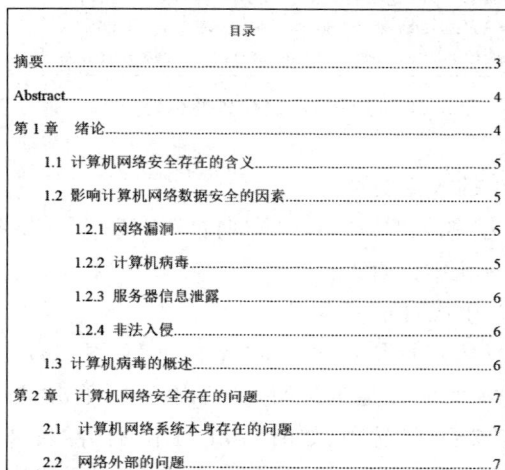

图 3.74　生成目录

4．添加附项

添加封面页、论文原创声明及版权使用授权书，并填写学院、专业、学号、姓名（真实姓名和学号）等内容。

将光标定位在文档的首页首行位置，单击"插入"功能区→"附件"下拉列表→"对象"选项，打开"插入对象"对话框，选择"由文件创建"选项，单击"浏览"按钮，在打开的"浏览"对话框中选择已经准备好的"封面及原创声明"文件，单击"打开"按钮，将"封面及原创声明"插入论文首页。

或者打开已经准备好的"封面及原创声明"文件，利用 Ctrl＋A 组合键选中文件中的全部文字，Ctrl＋C 组合键复制文字，再定位到论文首页首行位置利用 Ctrl＋V 组合键粘贴全部文字。

注：由于插入论文中的"封面及原创声明"文字内容受论文"正文"格式的影响，需要根据实际情况做相应格式的调整，如行距、对齐方式、在横线上书写文字等，这些设置在前面章节都有详细讲述，在此就不再赘述了。

5．分页

使用分页功能，将封面、论文原创声明及版权使用授权书、目录、标题、中英文摘要、正文各章节、参考文献、致谢另起一页。

　　光标定位在需要另起一页的文字前方,单击"插入"功能区→"分页符"按钮🖵,在下拉列表中选择"分页符"选项,如图3.75所示。或者单击"页面布局"功能区→"分隔符"按钮🖵,在下拉列表中选择"分页符"选项,如图3.76所示。插入"分页符"后的变化,如图3.77所示。依次设置,使目录、中英文摘要、第1章、第2章、第3章、第4章、参考文献和致谢等章节在独立的页面显示。

图3.75　"插入"选项卡插入"分页符"　　　　图3.76　"页面布局"选项卡插入"分页符"

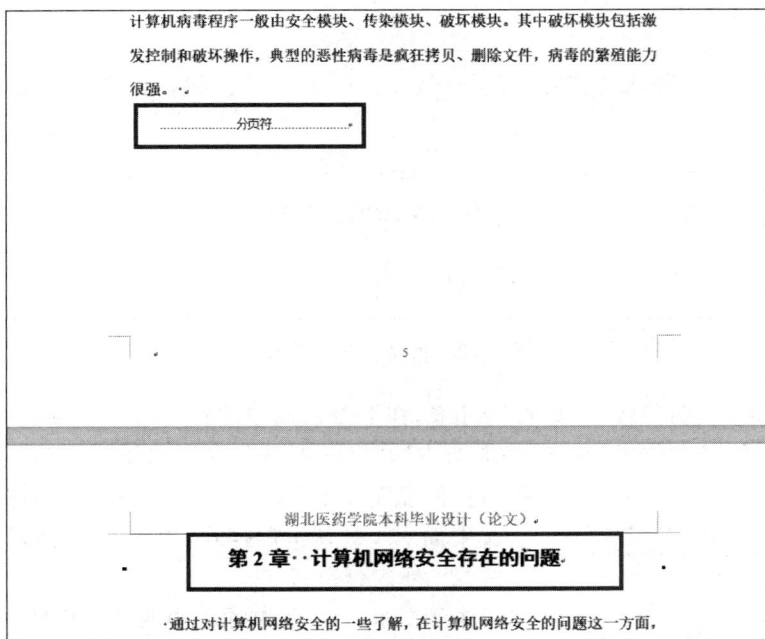

图3.77　插入"分页符"后的变化

6. 插入页码

(1)插入和设置页码。

　　单击"插入"功能区→"页码"按钮,在下拉列表中选择"预设样式"中的"页脚中间"选项,如图3.78所示,在页面底端插入默认的页码样式,如图3.79所示,正文进入"页眉和页脚"编辑状态。单击"页眉和页脚"功能区→"关闭"按钮回到正文编辑状态。

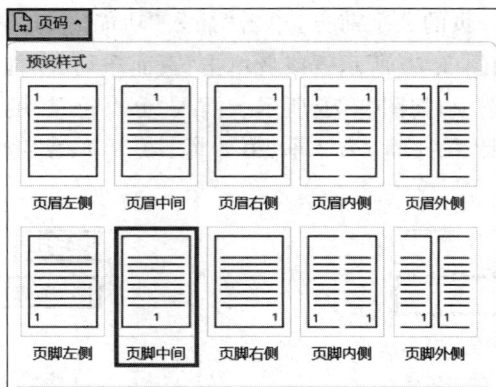

图 3.78　插入预设"页码"样式

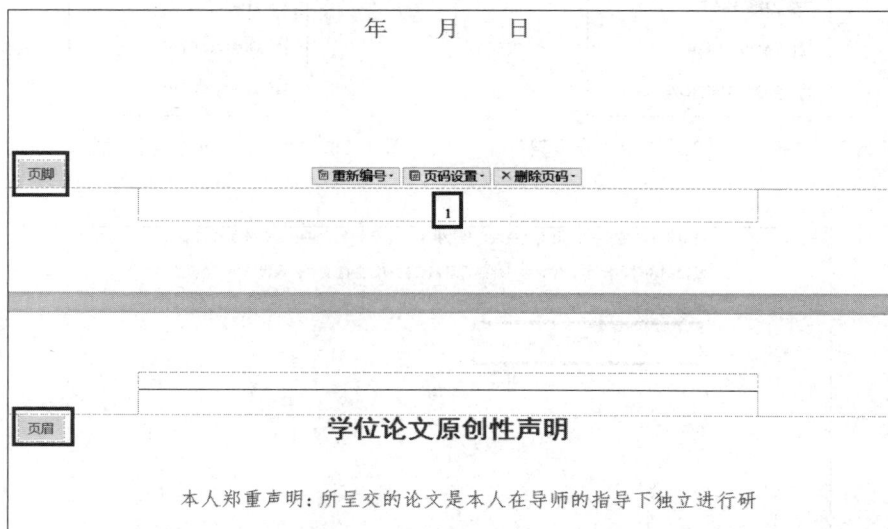

图 3.79　预设"页码"插入后

或者单击"插入"功能区→"页码"按钮，在下拉列表中选择"页码"选项，在打开的"页码"对话框中默认"样式"，"位置"选择"底端居中"，"页码编号"选择"起始页码"默认"1"，"应用范围"选择"整篇文档"，单击"确定"按钮，如图 3.80 所示，在正文中插入了默认页码样式，如图 3.81 所示。

（2）插入分节符。

由于要求封面、论文原创声明及版权使用授权书页不排页码、目录页码单独编排，设置为页脚、居中显示（Ⅰ、Ⅱ、Ⅲ）、正文页码设置为页脚、居中显示（1、2、3）。因此，要将整篇论文按照要求在相应位置上分节，具体操作如下。

首先将光标定位在"论文原创声明及版权使用授权书"的最后，单击"页面布局"功能区→"分隔符"按钮，在下拉列表中选择"下一页分节符"选项，如图 3.82 所示。用同样的方法，在"正文标题"的最前方插入"分节符"，经过上述操

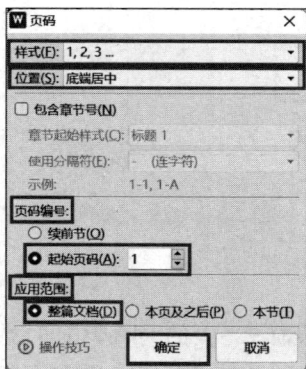

图 3.80　"页码"对话框插入页码

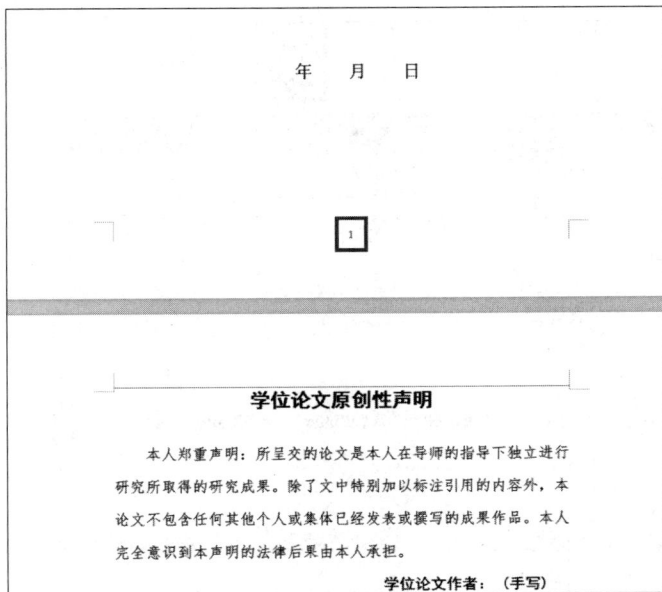

图 3.81 "页码"对话框插入页码后

作,整篇论文已经分为三个节,设置过程中可通过双击"页码"任意位置,查看"分节"操作是否成功,完成分节后的样式如图 3.83 所示。

（3）修改页码。

双击任意"页码"位置,进入"页眉和页脚"编辑状态,将光标定位在"第 2 节"目录页所在的"页码"位置,选择其右侧的"与上一节相同"后,单击"页眉和页脚"功能区中的"同前节"按钮,取消"与上一节相同"的设置,如图 3.84 所示。上述操作完成后"与上一节相同"字样消失,如图 3.85 所示。选择"封面、论文原创声明及版权使用授权书页"任意页的页码,按 Delete 键删除页码,实现"封面、论文原创声明及版权使用授权书页"不排页码。

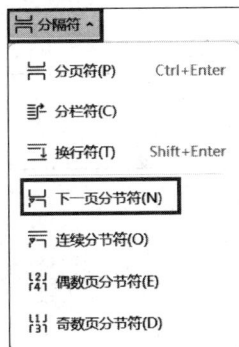

图 3.82 "页面布局"选项卡插入"分隔符"

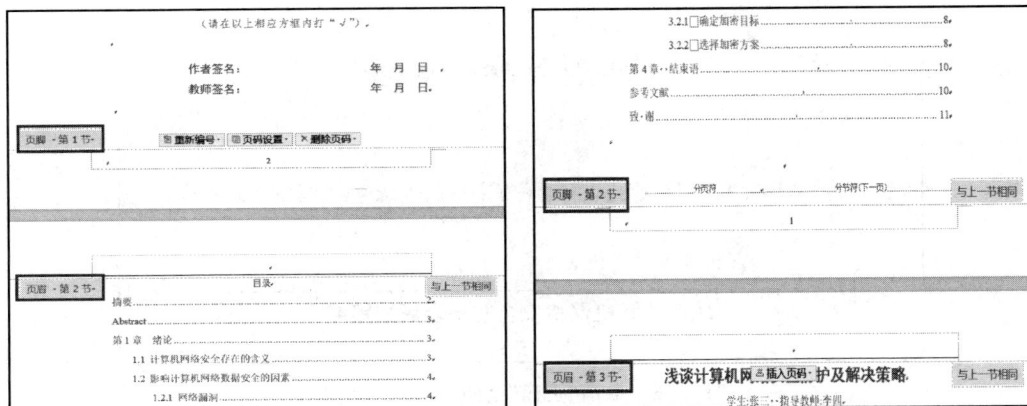

图 3.83 插入"分节符"后的变化

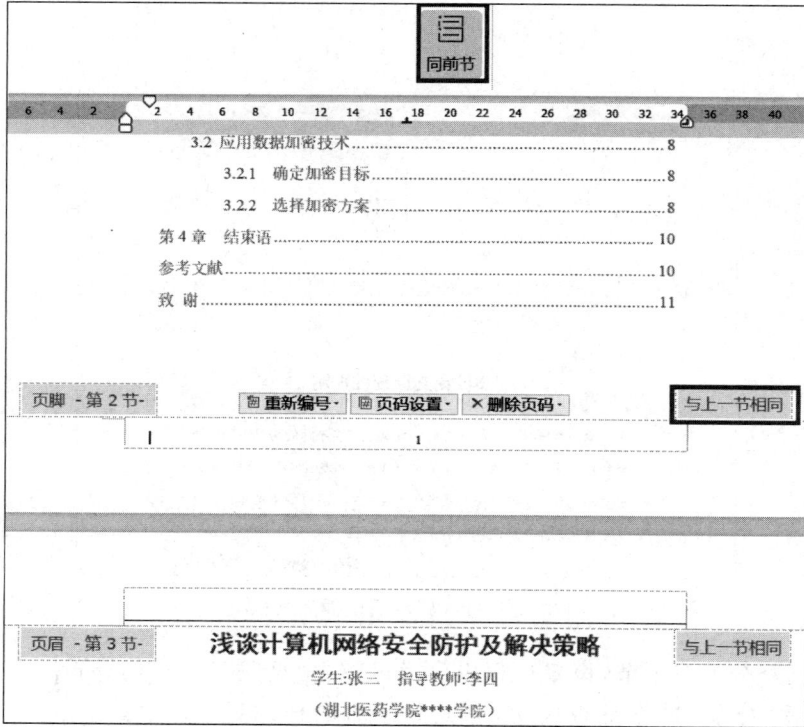

图 3.84　设置取消"页码"之间的联系

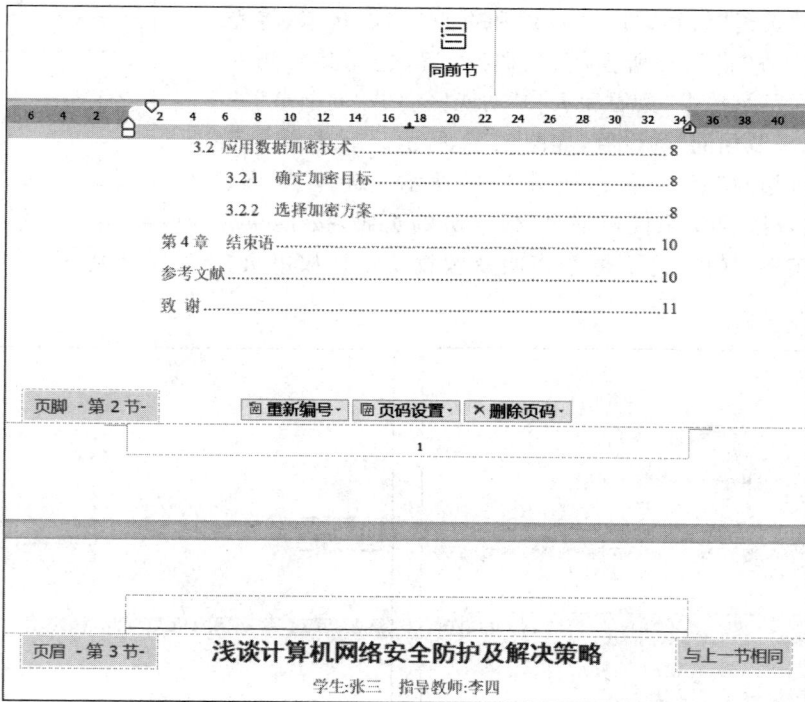

图 3.85　取消"页码"之间联系后的变化

再次将光标定位在"第 2 节"目录页所在的"页码"位置,单击上方的"页码设置"按钮,如图 3.86 所示。在下拉列表中"样式"选择"Ⅰ、Ⅱ、Ⅲ...","位置"选择"居中","应用范围"选择"本页及之后",最后单击"确定"按钮,完成目录页码单独编排,设置为页脚、居中显示(Ⅰ、Ⅱ、Ⅲ),如图 3.87 所示。或者单击"页眉和页脚"功能区→"页码"按钮,在下拉列表中选择"页码"选项,打开"页码"对话框,"样式"选择"Ⅰ、Ⅱ、Ⅲ...","位置"选择"底端居中","页码编号"选择"起始页码(Ⅰ)","应用范围"选择"本页及之后",最后单击"确定"按钮,如图 3.88 所示,完成目录页码单独编排。

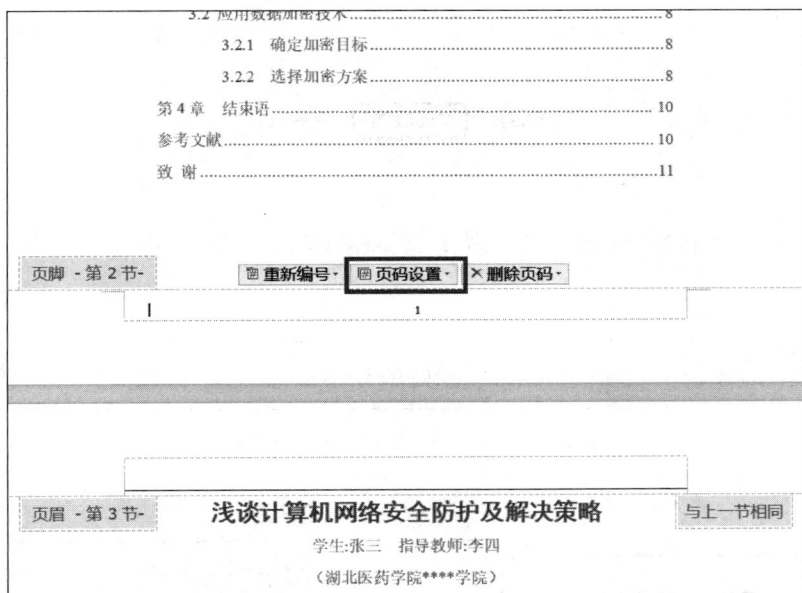

图 3.86 "第 2 节"选择"页码设置"列表

图 3.87 "页码设置"对话框设置"目录"页码

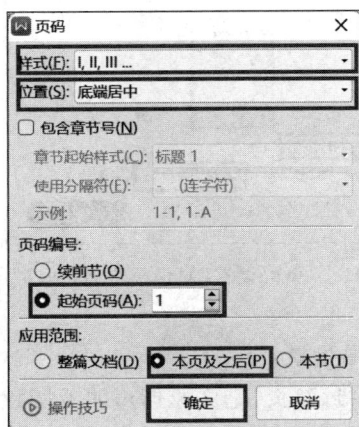

图 3.88 "页码"对话框设置"目录"页码

光标定位在"正文"第一页的页码位置,用设置"目录页"页码的方法,将正文部分的页码设置为页脚、居中显示(1、2、3),如图 3.89~图 3.91 所示。

关键词：计算机网络安全；安全策略；信息技术；对策研究

页脚 - 第 3 节 -   回 重新编号·   回 页码设置·   × 删除页码·

1

页眉 - 第 3 节 -   **Abstract**   与上一节相同

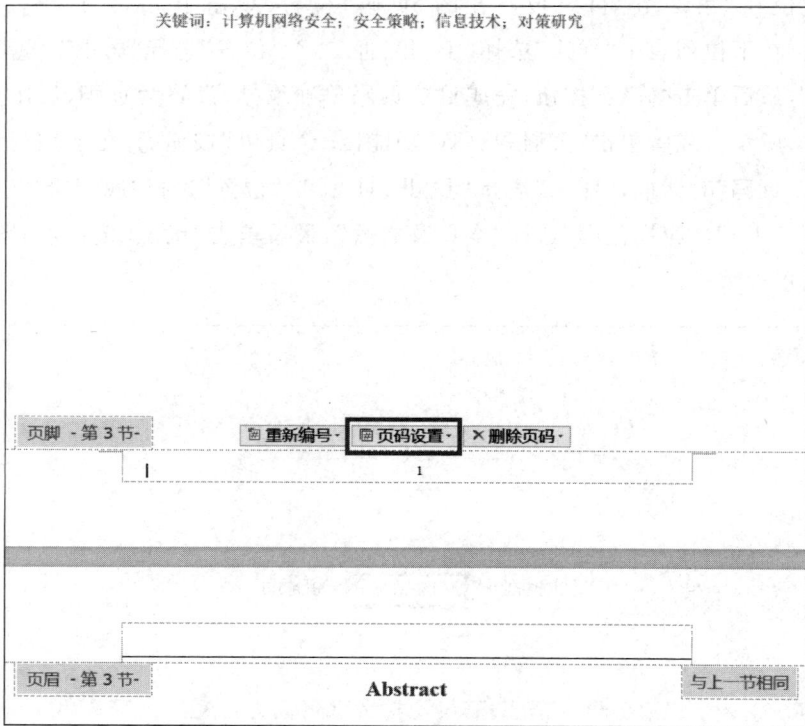

图 3.89 "第 3 节"选择"页码设置"列表

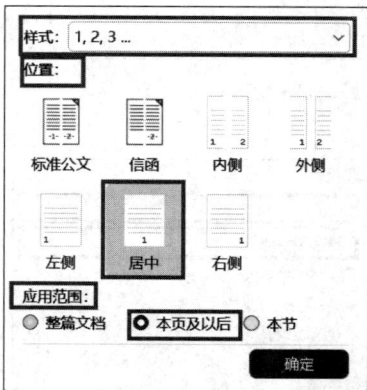

图 3.90 "页码设置"对话框设置"正文"页码

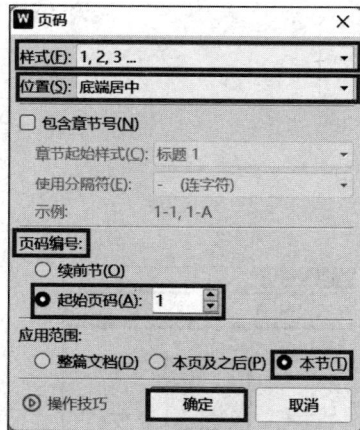

图 3.91 "页码"对话框设置"正文"页码

7. 页眉设置

要求除封面页,论文原创声明及版权使用授权书页外,从目录页开始将其他页的页眉设置为"湖北医药学院本科毕业设计(论文)"。

将光标定位在"第 2 节"目录页所在的"页眉"位置,选择其右侧的"与上一节相同"后,单击"页眉和页脚"功能区中的"同前节"按钮,如图 3.92 所示。取消"与上一节相同"的设置,如图 3.93 所示。

保密 □，在 _____ 年解密后适用本授权书。

不保密 □。

(请在以上相应方框内打"√")

作者签名： 年 月 日

教师签名： 年 月 日

页脚 - 第1节 -

页眉 - 第2节 - 摘要

Abstract 3

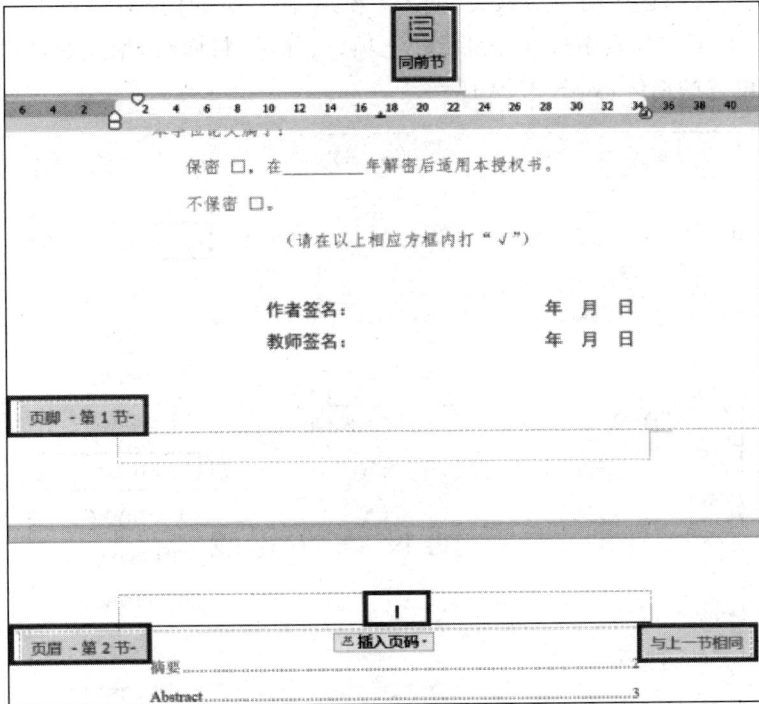

图 3.92 设置取消"页眉"之间的联系

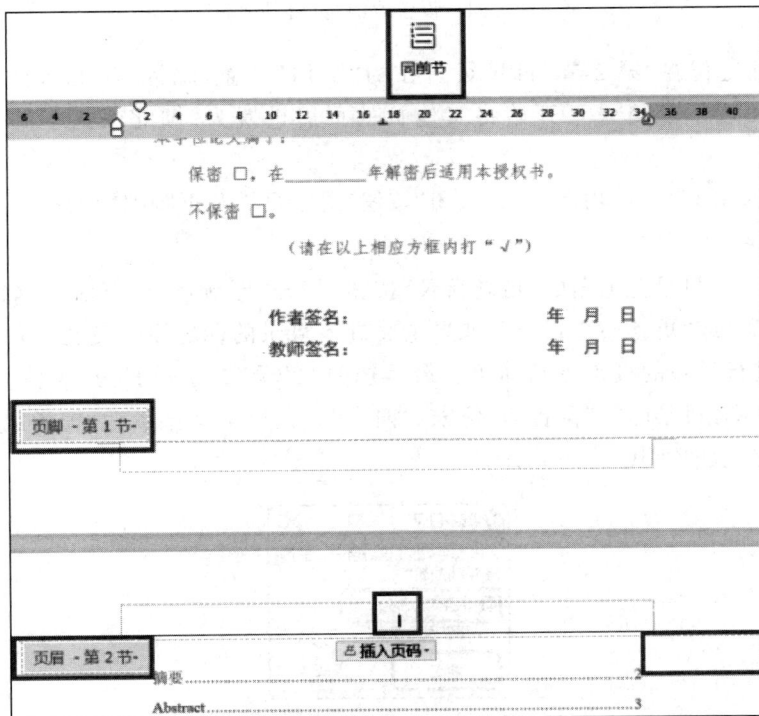

保密 □，在 _____ 年解密后适用本授权书。

不保密 □。

(请在以上相应方框内打"√")

作者签名： 年 月 日

教师签名： 年 月 日

页脚 - 第1节 -

页眉 - 第2节 - 摘要

Abstract 3

图 3.93 取消"页眉"之间联系后的变化

选择"封面、论文原创声明及版权使用授权书页"任意页的"页眉"，单击"开始"功能区→"边框"按钮 ⊞▾，在下拉列表中选择"无框线"选项，去除了"封面页，论文原创声明及版权使用授权书页"页眉位置的横线，如图 3.94 所示。

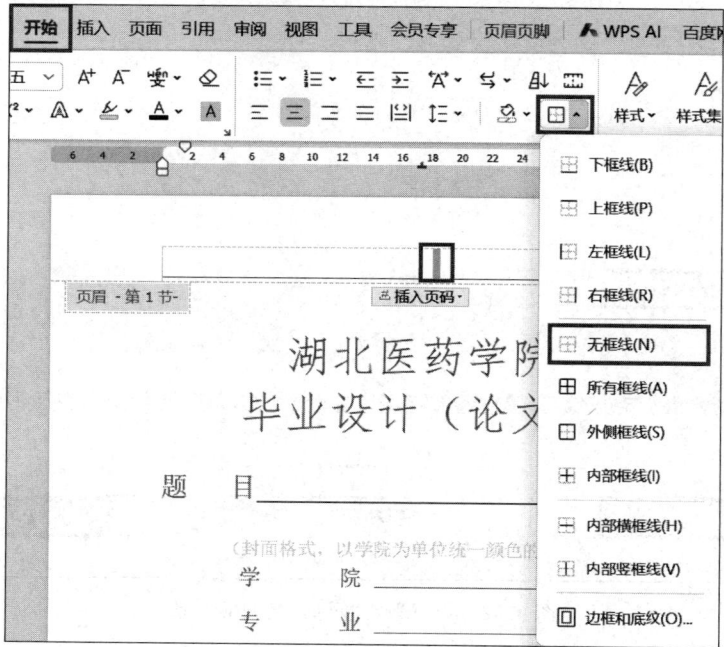

图 3.94　设置取消"页眉"横线

再次将光标定位在"第 2 节"目录页所在的"页眉"位置，输入"湖北医药学院本科毕业设计（论文）"，实现了从目录页开始将其他页的页眉设置为"湖北医药学院本科毕业设计（论文）"。

最后单击"页眉和页脚"功能区的"关闭"按钮，退出页眉和页脚编辑状态。

8．更新目录

选中目录，单击目录左上角的"更新目录"按钮，打开"更新目录"对话框，如图 3.95 所示。选择"只更新页码"或"更新整个目录"，如果论文进入目录的标题没有变化，可直接选择"只更新页码"选项，进行目录的页码更新即可。最后选中"目录"二字设置为"黑体""三号""加粗""居中"。选中全部"目录内容"设置为"仿宋""四号"。完成全文排版后，按指定位置将文档保存为"论文.wps"，文档如图 3.96 所示。

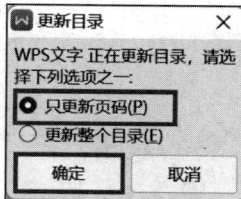

图 3.95　"更新目录"对话框

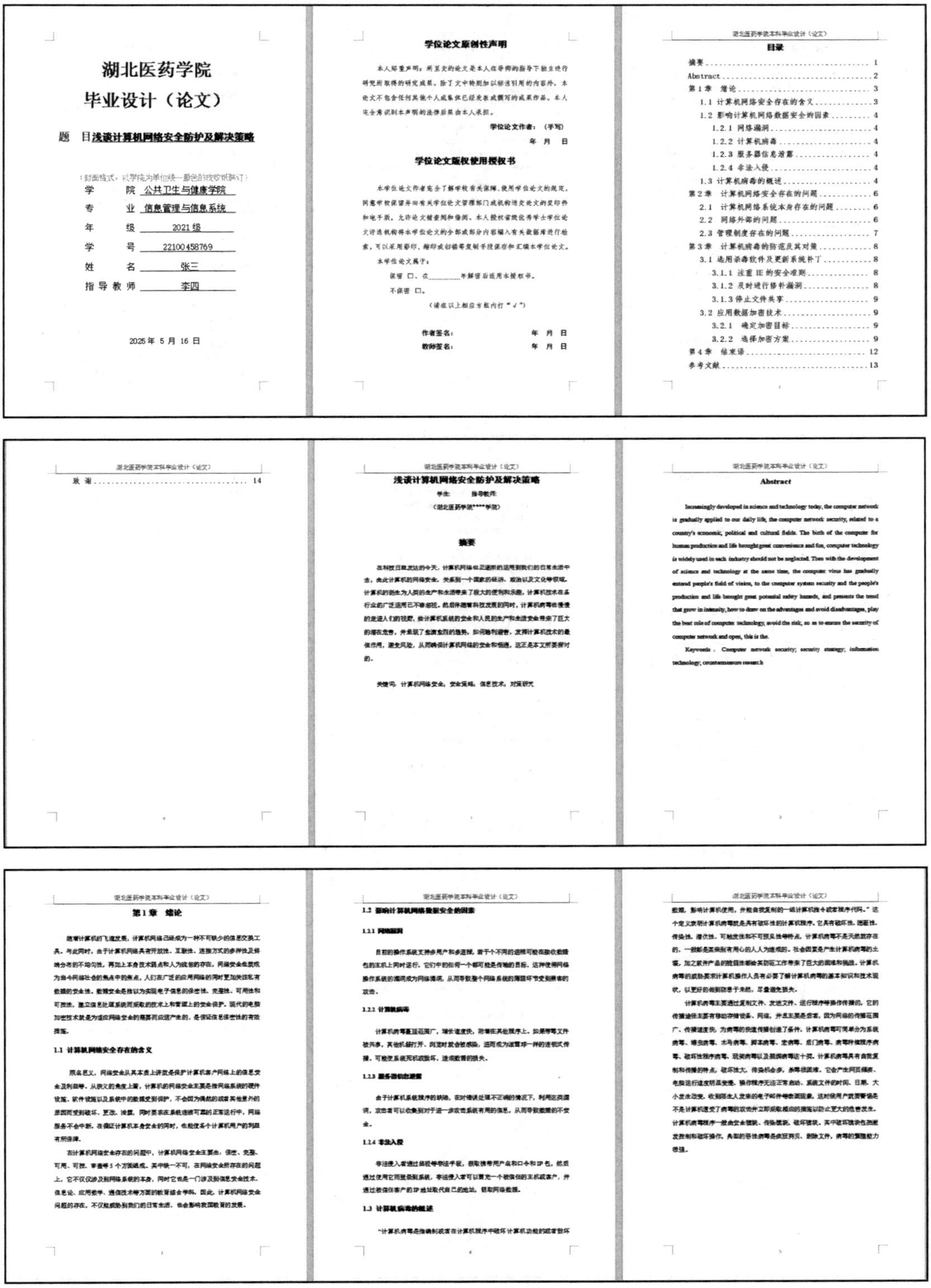
湖北医药学院
毕业设计（论文）
题　目浅谈计算机网络安全防护及解决策略
学　院　公共卫生与健康学院
专　业　信息管理与信息系统
年　级　2021级
学　号　22100458769
姓　名　张三
指导教师　李四
2025年 5月 16日
学位论文原创性声明
学位论文作者：（手写）
年　月　日
学位论文版权使用授权书
（请在以上相应方框内打"√"）
作者签名：　年　月　日
教师签名：　年　月　日
湖北医药学院本科毕业设计（论文）
目录
摘要 1
Abstract 2
第1章　绪论 3
1.1 计算机网络安全存在的含义 3
1.2 影响计算机网络数据安全的因素 4
1.2.1 网络漏洞 4
1.2.2 计算机病毒 4
1.2.3 服务器信息泄露 4
1.2.4 非法入侵 4
1.3 计算机病毒的概述 4
第2章　计算机网络安全存在的问题 6
2.1 计算机网络系统本身存在的问题 6
2.2 网络外部的问题 6
2.3 管理制度存在的问题 7
第3章　计算机病毒的防范及其对策 8
3.1 选用杀毒软件及更新系统补丁 8
3.1.1 注重IE的安全准则 8
3.1.2 及时进行修补漏洞 8
3.1.3 停止文件共享 9
3.2 应用数据加密技术 9
3.2.1 确定加密目标 9
3.2.2 选择加密方案 9
第4章　结束语 12
参考文献 13
致谢 14
浅谈计算机网络安全防护及解决策略
摘要
Abstract
第1章　绪论
1.1 计算机网络安全存在的含义
1.2 影响计算机网络数据安全的因素
1.2.1 网络漏洞
1.2.2 计算机病毒
1.2.3 服务器信息泄露
1.2.4 非法入侵
1.3 计算机病毒的概述

图 3.96 "论文"排版后(1)

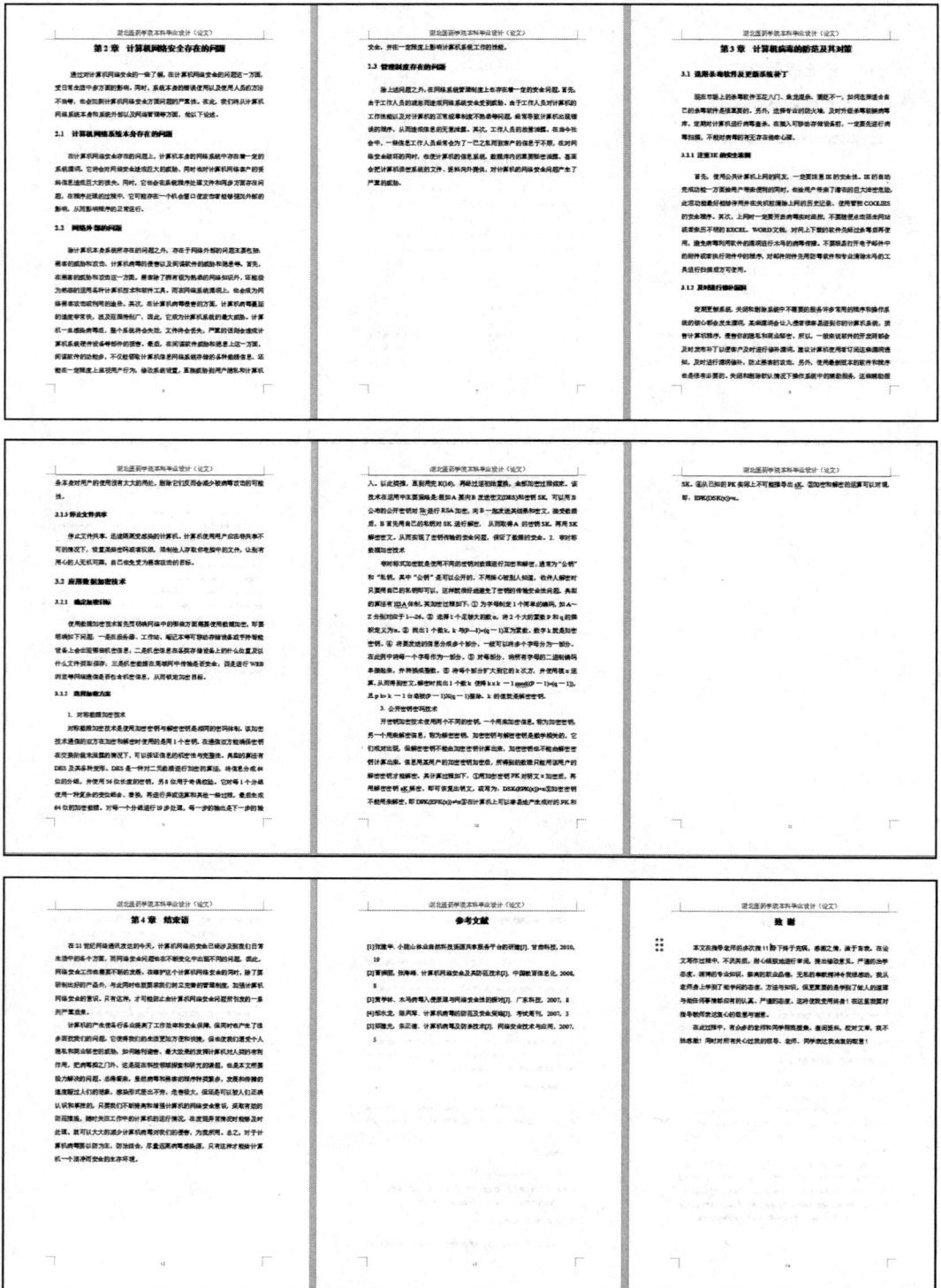

图 3.96 "论文"排版后（2）

第4章

WPS Office表格应用实训

4.1 WPS Office 表格编辑

4.1.1 教学目的

(1) 掌握 WPS Office 工作表的基本操作。

(2) 掌握 WPS Office 工作表中数据的输入。

(3) 掌握 WPS Office 工作表中数据的编辑修改。

(4) 掌握 WPS Office 工作表单元格中数据的移动、复制、选择性粘贴和自动填充。

(5) 掌握 WPS Office 工作表单元格数据的有效性设置。

4.1.2 教学内容

根据图 4.1 WPS Office 表格编辑效果图所示,完成下列操作。

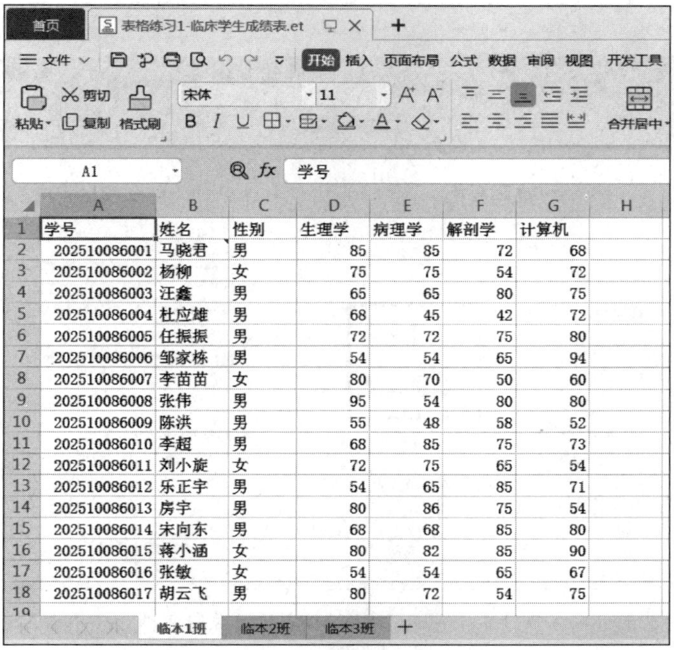

学号	姓名	性别	生理学	病理学	解剖学	计算机
202510086001	马晓君	男	85	85	72	68
202510086002	杨柳	女	75	75	54	72
202510086003	汪鑫	男	65	65	80	75
202510086004	杜应雄	男	68	45	42	72
202510086005	任振振	男	72	72	75	80
202510086006	邹家栋	男	54	54	65	94
202510086007	李苗苗	女	80	70	50	60
202510086008	张伟	男	95	54	80	80
202510086009	陈洪	男	55	48	58	52
202510086010	李超	男	68	85	75	73
202510086011	刘小旋	女	72	75	65	54
202510086012	乐正宇	男	54	65	85	71
202510086013	房宇	男	80	86	75	54
202510086014	宋向东	男	68	68	85	80
202510086015	蒋小涵	女	80	82	85	90
202510086016	张敏	女	54	54	65	67
202510086017	胡云飞	男	80	72	54	75

图 4.1 WPS Office 表格编辑效果图

(1) 在计算机桌面上新建 WPS Office 表格工作簿,文件命名为"表格练习 1-临床学生成绩表.et"。

(2) 将工作簿中的工作表 Sheet1 重命名为"临本 1 班"。新建工作表 Sheet2、Sheet3,分别重命名为"临本 2 班""临本 3 班"。

（3）在"临本 1 班"工作表中第一行单元格依次输入学号、姓名、生理学、病理学、解剖学、计算机等列标题。

（4）将"临本 1 班"工作表中 A1:F1 单元格地址的内容复制到另外 2 个工作表中，在"临本 3 班"工作表中使用"选择性粘贴"→"粘贴内容转置"生成第一列数据。

（5）在"临本 1 班"工作表中编辑学号，先修改单元格格式为"邮政编码"，再输入学号并自动填充生成其他连续的学号，输入学生姓名。

（6）在第一个学生的名字上插入批注"班长"。

（7）在"姓名"列后插入"性别"列，将"性别"列数据有效性设置为序列，来源为"男.女"。

（8）设置各科成绩的数据有效性为整数输入范围为 0～100 分。设置输入提示信息，标题为"输入提示"，输入信息为"请输入 0～100 之间的数据"。当输入错误时，显示出错警告信息，标题为"错误提示"，错误信息为"您输入的成绩不在 0～100 之间"。在工作表中输入相应各科成绩。

4.1.3 教学步骤

（1）新建 WPS Office 表格工作簿，文件命名为"表格练习 1-临床学生成绩表.et"。

① 在计算机开始菜单启动 WPS Office，或者双击桌面上 WPS Office 快捷方式。

② 在顶部的标签栏中选择"新建"按钮，在弹出的界面选择"表格"下的"新建空白文档"，如图 4.2 所示。

图 4.2 WPS Office 表格新建空白文档

③ 单击快速访问工具栏的"保存"按钮，如图 4.3 所示。或者单击"文件"主菜单，在弹出的下拉菜单中选择"保存"命令，如图 4.4 所示。

④ 先选择"保存"后在弹出的"另存文件"界面左侧选择"我的桌面"，在下方的文件名对话框里填写"表格练习 1-临床学生成绩表"，再在文件类型列表框中选择"WPS 表格文件（＊.et)"，最后单击右下的"保存"按钮，如图 4.5 所示。

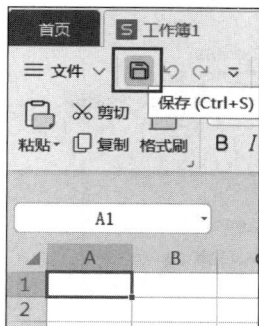

图 4.3　快速访问工具栏的"保存"

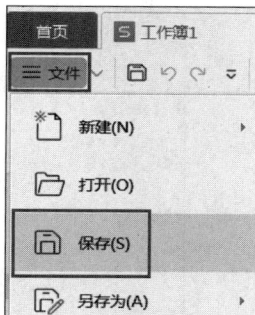

图 4.4　"文件"主菜单下的"保存"

图 4.5　WPS 表格文件保存

（2）将工作簿中的工作表 Sheet1 重命名为"临本 1 班"。新建工作表 Sheet2、Sheet3，分别重命名为"临本 2 班""临本 3 班"。

① 双击工作表标签 Sheet1，出现蓝底白字时表明现在处于可编辑状态，输入新工作表名"临本 1 班"，如图 4.6 所示。

② 单击工作表"临本 1 班"标签右侧"＋"号，新建工作表 Sheet2、Sheet3。

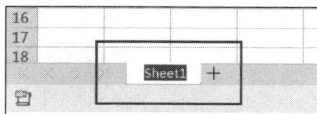

图 4.6　工作表 Sheet1 重命名

③ 右击工作表标签 Sheet2、Sheet3，在弹出的快捷菜单中选择"重命名"命令，工作表标签呈可编辑状态，输入相应新工作表名"临本 2 班""临本 3 班"，如图 4.7 所示。

（3）在"临本 1 班"工作表中第一行单元格依次输入学号、姓名、生理学、病理学、解剖学、计算机等列标题，如图 4.8 所示。

图 4.7　为工作表 Sheet2 重命名

（4）将"临本 1 班"工作表中 A1:F1 单元格地址的内容复制到另外 2 个工作表中,在"临本 3 班"工作表中使用"选择性粘贴"→"粘贴内容转置"生成第一列数据。

① 选中所选区域的第一个单元格 A1,按住鼠标左键拖动到最后一个单元格 F1 即可选中工作表中 A1:F1 区域,如图 4.9 所示。

图 4.8　标题内容输入

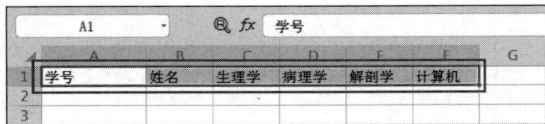

图 4.9　连续单元格的选定

② 单击"开始"选项卡 → "复制"命令,或者使用快捷键 Ctrl+C,将所选定的内容置于剪贴板上,如图 4.10 所示。

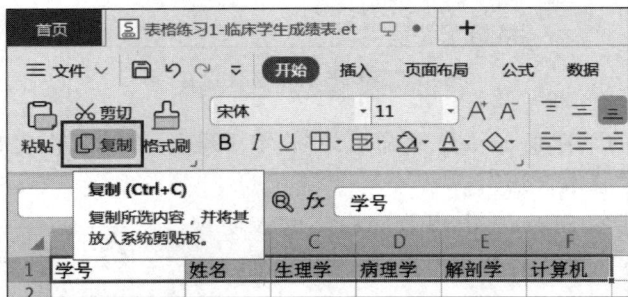

图 4.10　选定内容的复制

③ 单击"临本 2 班"工作表标签,选中 A1 单元格,使用"粘贴"命令或者快捷键 Ctrl+V,将剪贴板上的内容复制到工作表"临本 2 班"中。

④ 单击"临本 3 班"工作表标签,选中 A1 单元格并右击弹出快捷菜单,使用"选择性粘贴""粘贴内容转置",将剪贴板上的内容复制到工作表"临本 3 班"中生成第一列数据,如图 4.11 所示。

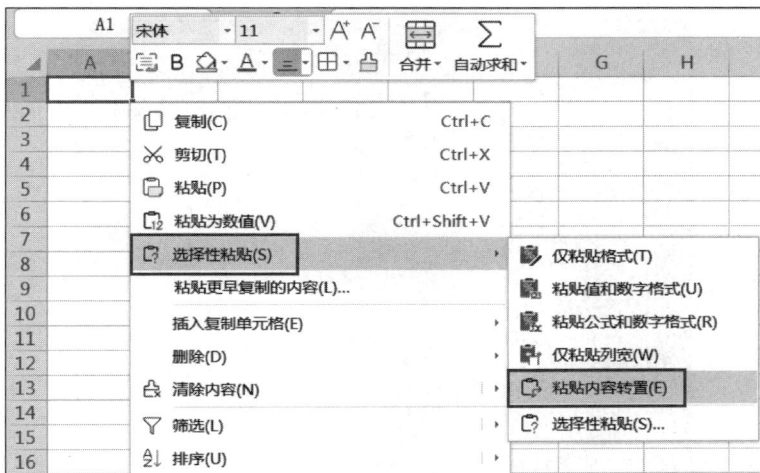

图 4.11　粘贴内容转置

（5）在"临本 1 班"工作表中编辑学号，先修改单元格格式为"邮政编码"，再输入学号并自动填充生成其他连续的学号，输入学生姓名。

① 单击 A2 单元格，拖动鼠标选中需要编辑学号的单元格区域 A2：A18，右击，在弹出的快捷菜单中选择"设置单元格格式"命令，如图 4.12 所示。

② 打开"单元格格式"对话框，选择该对话框中的"数字"选项卡 →"特殊"分类选项 →"邮政编码"类型，如图 4.13 所示。

图 4.12　设置单元格格式

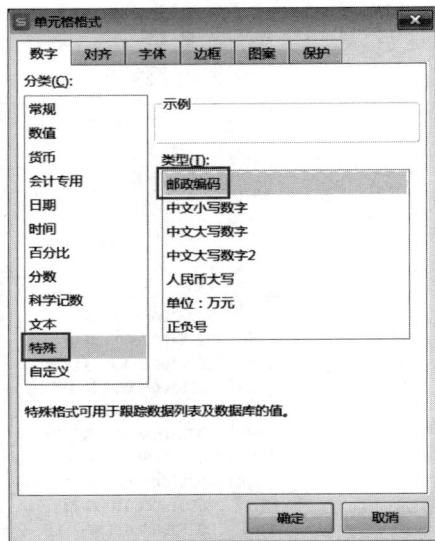

图 4.13　"邮政编码"格式设置

③ 单击 A2 单元格，输入第一个学号 202510086001，将鼠标指针移到单元格右下角，指针变为黑色十字形，单击鼠标拖曳至单元格 A18，快速填充生成连续的学号，如图 4.14 所示。

图 4.14　填充生成连续的学号

④ 在工作表中输入学生姓名。

（6）在第一个学生的名字上插入批注"班长"。

选定要添加批注的单元格 B2，单击"审阅"选项卡→"新建批注"命令，在弹出的批注框中输入批注内容"班长"，输入完毕后，用鼠标单击其他单元格即可，如图 4.15 所示。或者右击单元格 B2，在弹出的快捷菜单中插入批注。

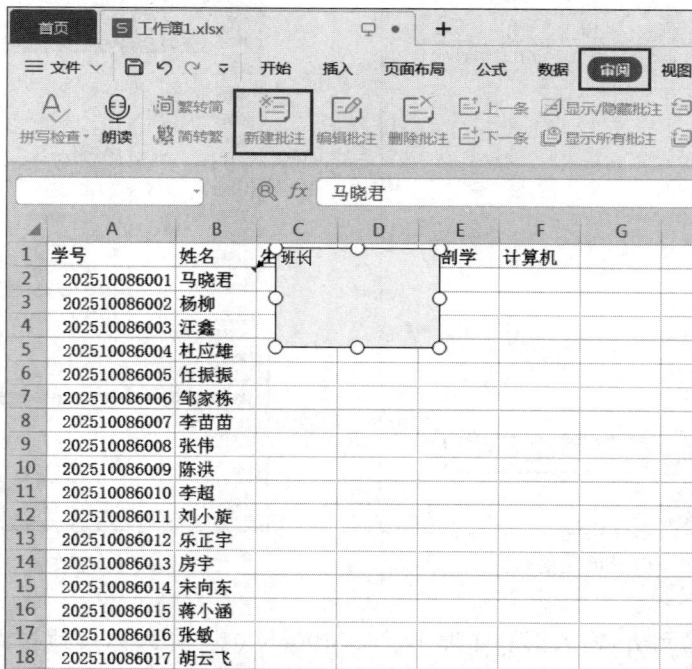

图 4.15　插入批注

（7）在"姓名"列后插入"性别"列，将"性别"列数据有效性设置为序列，来源为"男.女"。

① 选择 C 列任意一个单元格，单击"文件"选项卡右侧下拉菜单，选择"插入""列"命令，如图 4.16 所示。或者右击 C 列任意一个单元格，在弹出的快捷菜单选择"插入""插入列"命令。新插入列的标题单元格 C1 输入"性别"。

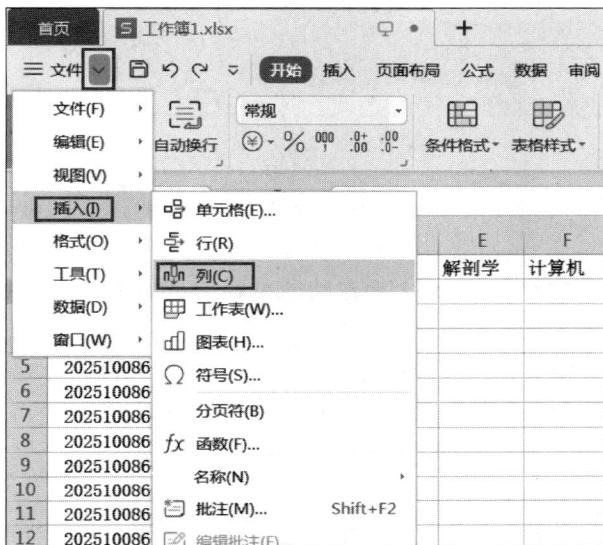

图 4.16　工作表插入列

② 拖动鼠标选择需要设置性别输入的区域 C2:C18，在"数据"选项卡下单击"有效性"命令。在弹出的"数据有效性"对话框中选择"设置"选项卡，选择"允许"下拉列表→"序列"选项，"来源"文本框中填入内容"男,女"（使用英文逗号间隔），如图 4.17 所示。

图 4.17　性别数据有效性设置

③ 在 C2:C18 单元格依次通过单击右侧下拉列表选择学生性别输入，如图 4.18 所示。

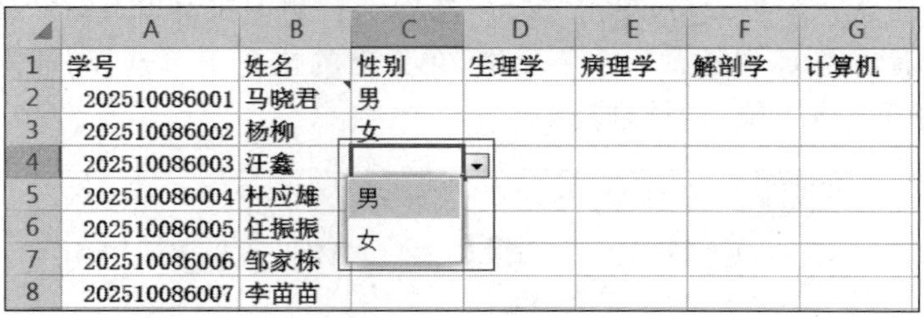

图 4.18　学生性别输入

（8）设置各科成绩的数据有效性为整数输入范围为 0～100 分。设置输入提示信息，标题为"输入提示"，输入信息为"请输入 0～100 之间的数据"。当输入错误时，显示出错警告信息，标题为"错误提示"，错误信息为"您输入的成绩不在 0～100 之间"。在工作表中输入相应各科成绩。

① 选定将要输入成绩数据的单元格区域 D2:G18，单击"数据"选项卡→"有效性"命令，打开"数据有效性"对话框，在"设置"选项卡，选择"允许"下拉列表→"整数"选项，"数据"设置为"介于"，最小值输入 0，最大输入 100，如图 4.19 所示。

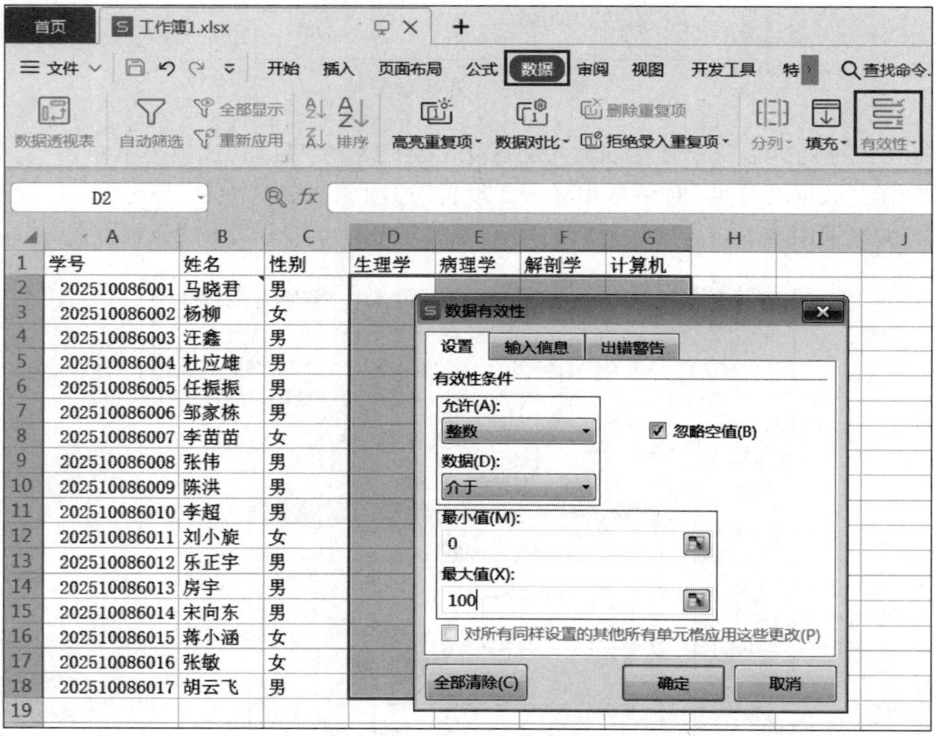

图 4.19　科目成绩的数据有效性设置

② 设置输入信息。切换到"输入信息"选项卡，"标题"栏设置为"输入提示"。"输入信息"栏设置为"请输入 0～100 之间的数据"，如图 4.20 所示。设置完成后，鼠标指针指向单元格区域，会显示提示信息。

③ 设置出错警告信息。切换到"出错警告"选项卡,"标题"栏输入"错误提示","错误信息"栏输入"您输入的成绩不在 0～100 之间",如图 4.21 所示。设置完成后,若在相应的单元格中输入无效数据时,会弹出错误信息提示框。

图 4.20 "输入信息"选项卡　　　　　图 4.21 "出错警告"选项卡

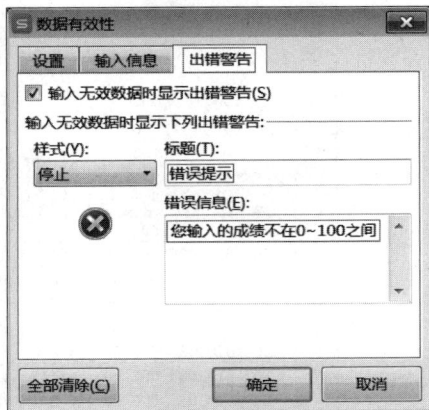

④ 在工作表单元格区域 D2:G18 输入相应各科成绩。

4.2 WPS Office 表格格式化

4.2.1 教学目的

(1) 掌握 WPS Office 表格中数据格式化的基本操作,包括数字格式设置、文本对齐方式调整、单元格合并等。

(2) 掌握 WPS Office 表格中边框和底纹的设置,掌握行高和列宽的调整。

(3) 掌握 WPS Office 表格中条件格式化的应用。

4.2.2 教学内容

打开表格练习 1 工作簿,根据图 4.22 WPS Office 表格格式化后效果图所示,完成下列操作并另存为"表格练习 2-表格格式化. et"。

(1) 打开表格练习 1 工作簿,设置纸张方向为"横向"。在工作表临本 1 班中添加标题"临床 1 班成绩表",将表格标题设置成蓝色、楷体、加粗、20 磅、加双下划线;A1:G1 单元格设置"合并居中"。

(2) 表格列标题格式化为宋体、14 号、加粗、垂直和水平均居中。

(3) 设置学号的数据格式为"千位分隔样式"。设置生理学的数字格式为"文本";设置病理学的数字格式为 1 位小数。

(4) 设置表格边框线。外框为最粗的单线,内框为细单线,"列标题"的下框线设置为红色双线。

(5) 设置标题行(第 2 行)"图案"为黄色,"图案样式"为"6.5%灰色",行高为 25 磅;各列宽度设置为"最适合的列宽"。

(6) 对各科目成绩不及格(<60)的分数设置条件格式:"字体"为加粗倾斜红色,"图案"为浅绿色。

图 4.22　WPS Office 表格格式化

4.2.3　教学步骤

（1）打开表格练习 1 工作簿，设置纸张方向为"横向"。在工作表临本 1 班中添加标题"临床 1 班成绩表"，将表格标题设置成蓝色、楷体、加粗、20 磅、加双下划线，A1:G1 单元格设置"合并居中"。

① 选择"页面布局"选项卡 → "纸张方向"下拉菜单 →"横向"命令，如图 4.23 所示。

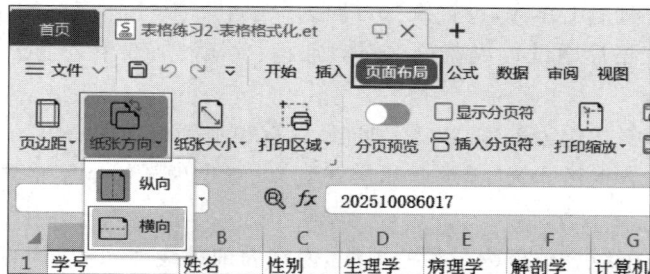

图 4.23　设置纸张方向

② 插入标题行。选择第一行任一单元格，单击"开始"选项卡→"文件"右侧下拉菜单→"插入"菜单→"行"命令，如图 4.24 所示。在第一个单元格 A1 中输入标题"临床 1 班成绩表"。

③ 标题字符格式化可在"开始"选项卡下字体组中设置。或者右击 A1 单元格，在弹出的

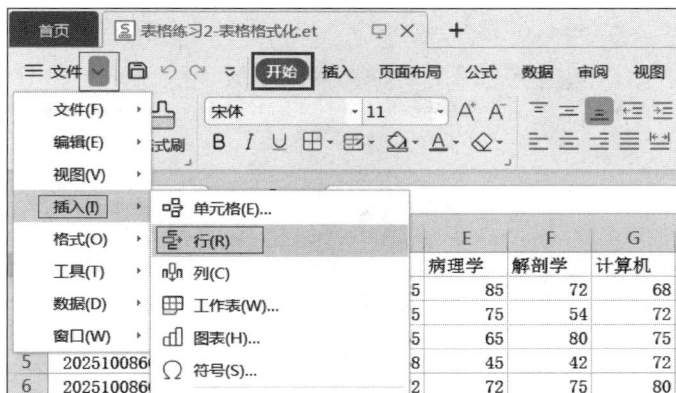

图 4.24　表格行的插入

快捷菜单中单击"设置单元格格式"命令,在"单元格格式"对话框中的"字体"选项卡下依次将表格标题设置成蓝色、楷体、加粗、20 磅、加双下划线,如图 4.25 所示。

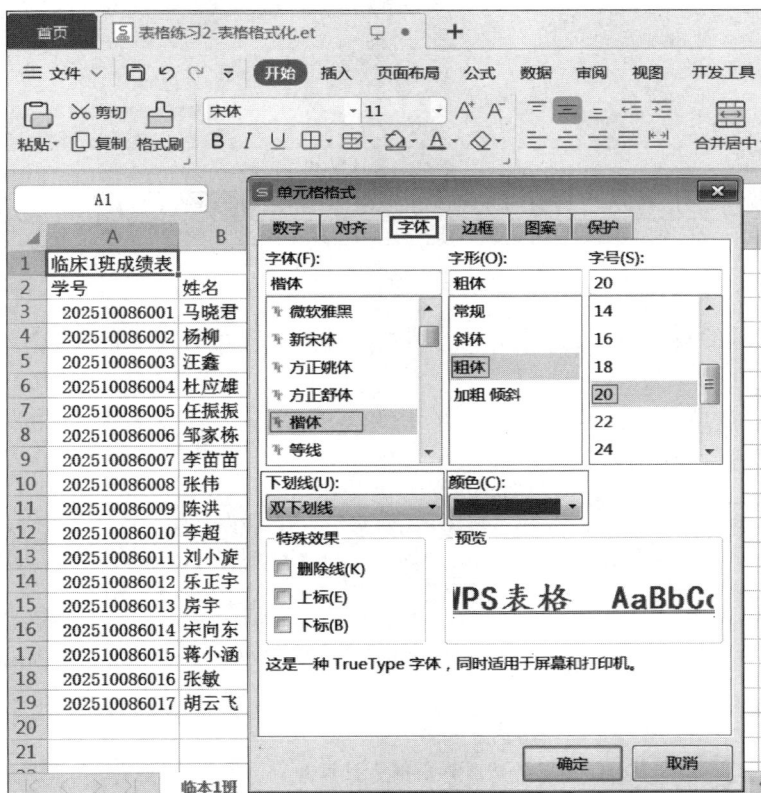

图 4.25　单元格字体设置

④ 拖曳鼠标选中单元格区域 A1:G1,单击"开始"选项卡 → "合并居中"按钮,如图 4.26 所示。

(2) 表格列标题格式化为宋体、14 号、加粗、垂直和水平均居中。

选择列标题单元格区域 A2:G2,在"开始"选项卡下依次进行相应设置,如图 4.27 所示。

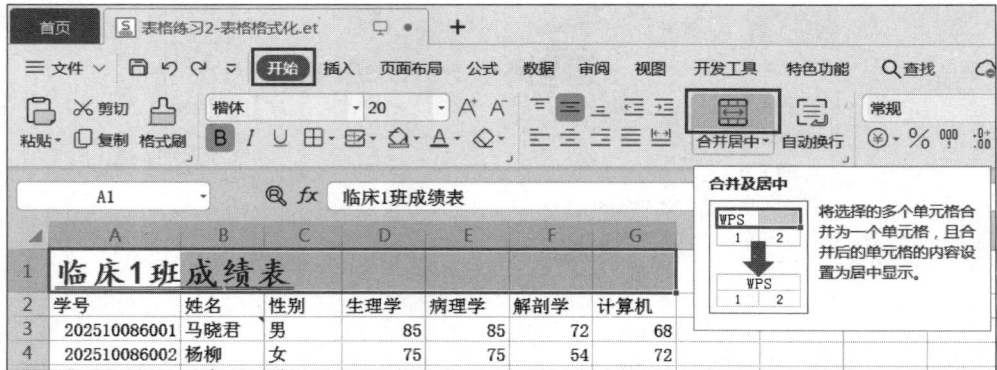

图 4.26　　单元格的"合并居中"

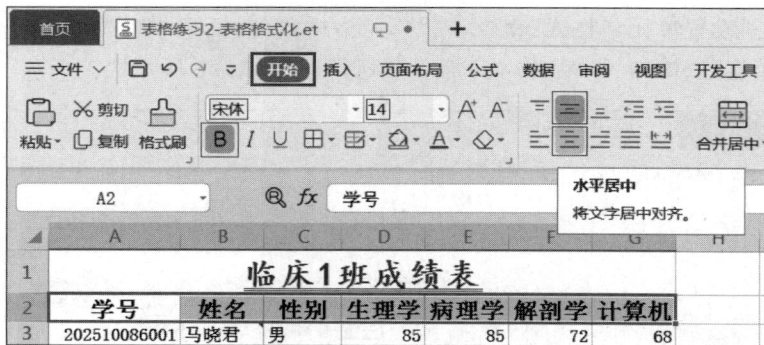

图 4.27　列标题格式化

（3）设置学号的数据格式为"千位分隔样式"，设置生理学的数字格式为"文本"，设置病理学的数字格式为 1 位小数。

① 选中学号的单元格区域 A3：A19，单击"开始"选项卡 → 数字格式组里的"千位分隔样式"命令按钮，如图 4.28 所示。

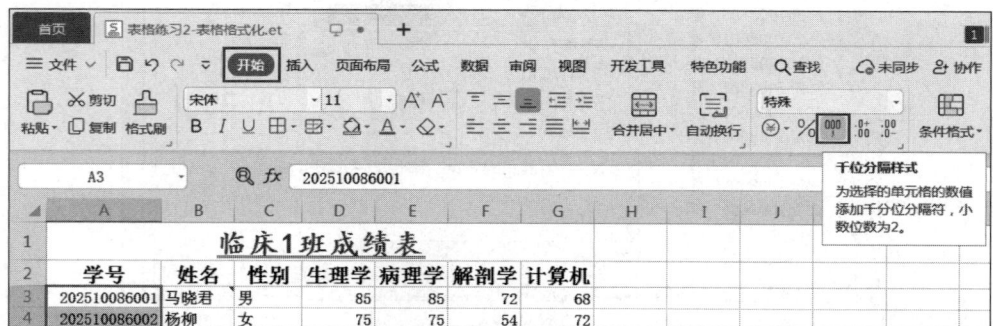

图 4.28　"千位分隔样式"设置

② 选中生理学的单元格区域 D3：D19，单击"开始"选项卡 → 数字格式组右下角的"扩展"按钮 ↗，在弹出的"单元格格式"对话框中单击"数字"选项卡 →"文本"命令按钮，如图 4.29 所示。

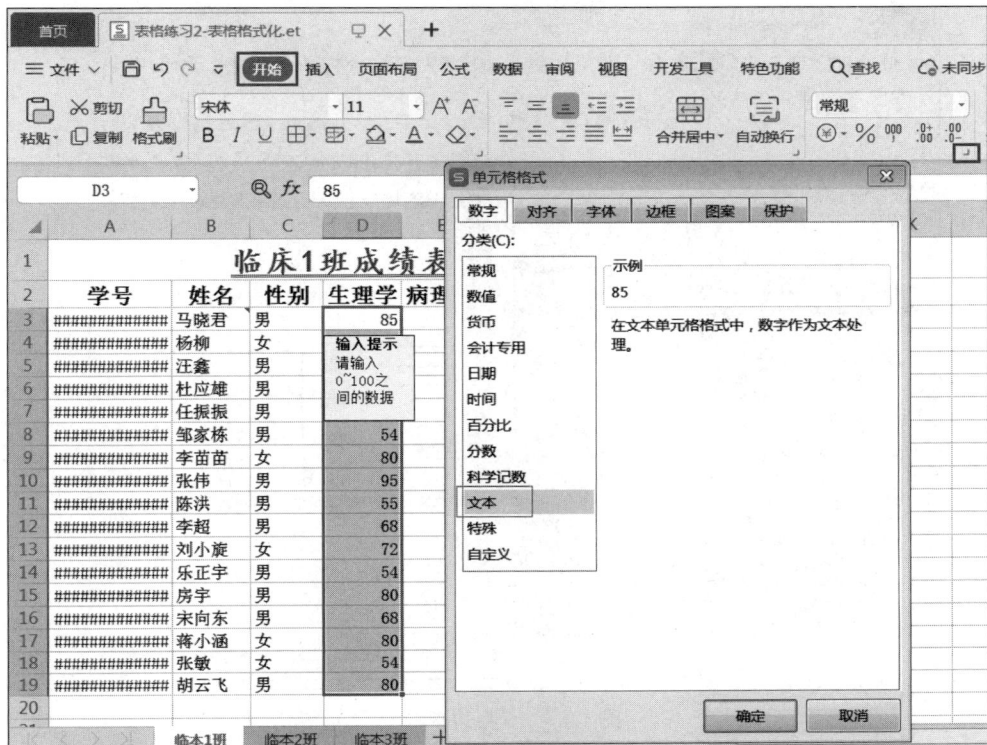

图 4.29　数字的"文本"格式设置

③ 选中病理学的单元格区域 E3:E19,单击"开始"选项卡 → 数字格式组里的"增加小数位数"命令按钮,如图 4.30 所示。

图 4.30　数字格式小数位数添加

(4) 设置表格边框线:外框为最粗的单线,内框为细单线,"列标题"的下框线设置为红色双线。

① 选择表格中 A2:G19 区域,右击 → "设置单元格格式"命令 → 打开"单元格格式"对话框 → "边框"选项卡;选择线条样式为最粗的实线,单击"外边框"按钮,在右侧预览区中可以看到添加外框的效果,选择最细的单实线,单击"内部"按钮,在预览区查看添加内边框的效果,如图 4.31 所示。

② 选中标题所在单元格区域 A2:G2,右击弹出"单元格格式"对话框,在"边框"选项卡下,选择线条样式为"双线",颜色为"红色",单击预览区域旁"底部横线"设置按钮,即可在标题行下方添加红色双线,如图 4.32 所示。

图 4.31　表格边框设置

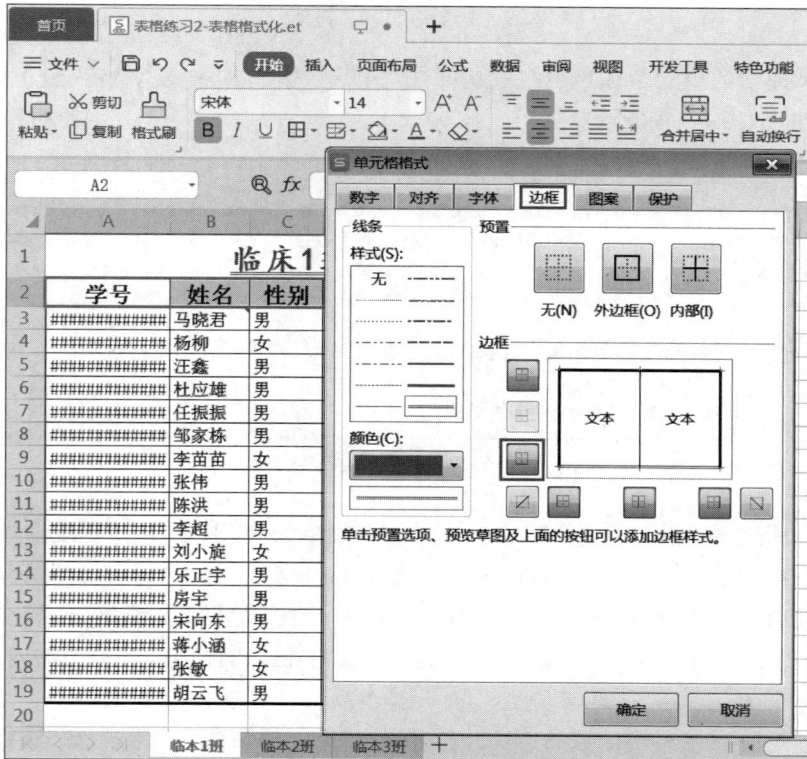

图 4.32　标题下框线设置

（5）设置标题行（第 2 行）"图案"为黄色，"图案样式"为"6.5％灰色"，行高为 25 磅；各列宽度设置为"最适合的列宽"。

① 选中标题所在单元格区域 A2:G2，调出"单元格格式"对话框，单击"图案"选项卡，在"颜色"中选择黄色，在"图案样式"下拉列表中选择"6.5％灰色"，最后单击"确定"按钮，如图 4.33 所示。

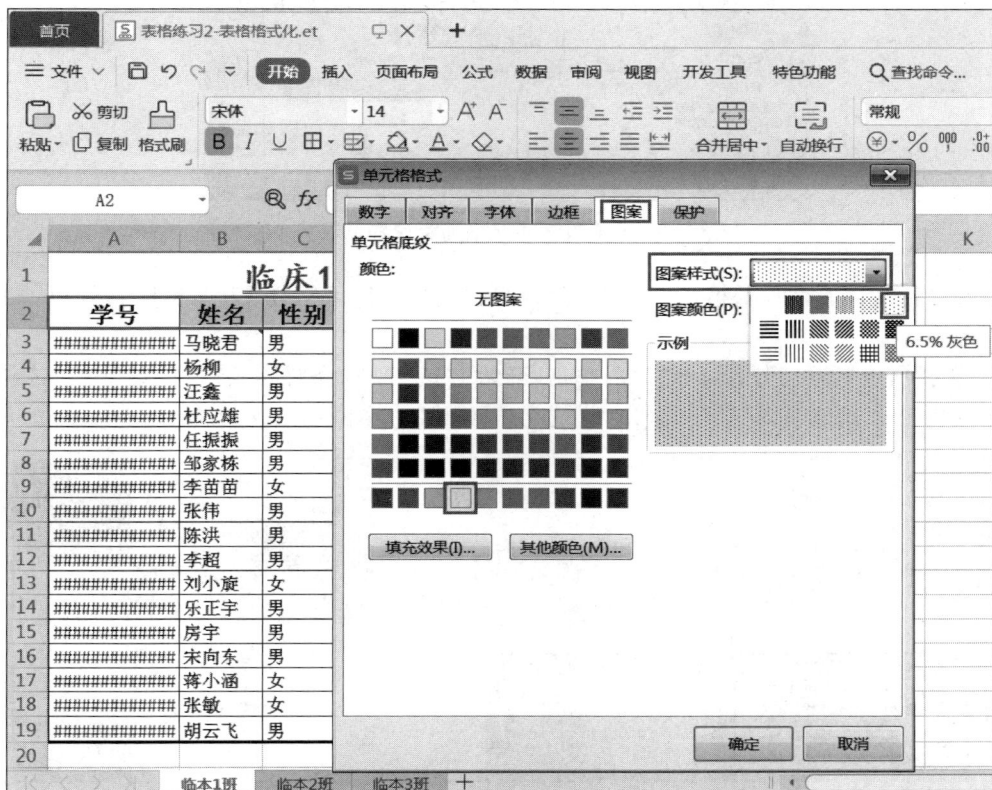

图 4.33　标题行图案设置

② 选中标题行右击，在弹出的快捷菜单栏中单击"行高"命令，在调出的"行高"对话框中输入 25，如图 4.34 所示。

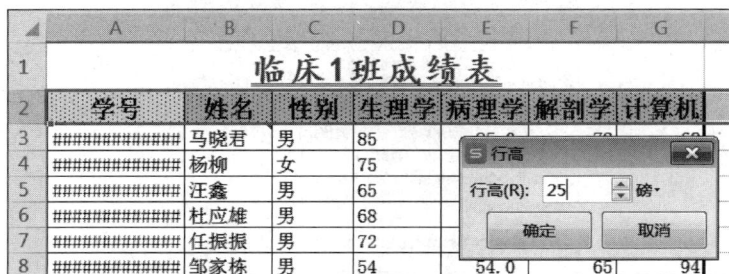

图 4.34　标题行行高设置

③ 选中需要调整列宽的单元格区域 A2:G19，单击"文件"选项卡右侧下拉箭头→"格式"菜单→"列"弹出菜单→"最适合的列宽"命令，如图 4.35 所示。

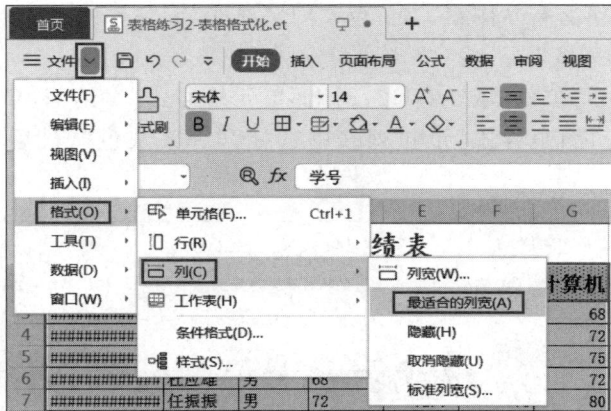

图 4.35　单元格列宽设置

（6）对各科目成绩不及格（<60）的分数设置条件格式：“字体”为加粗倾斜红色，“图案”为浅绿色。

① 选择所有的学生成绩 D3：G19，单击“开始”选项卡→“条件格式”下拉菜单→“突出显示单元格规则”→“其他规则”选项，弹出“新建格式规则”对话框，如图 4.36 所示。

图 4.36　单元格条件格式设置

② 在“新建格式规则”对话框中，“单元格值”右侧列表栏选择“小于”，填入数字“60”，再单击下方“格式”按钮，调出“单元格格式”对话框，如图 4.37 所示。

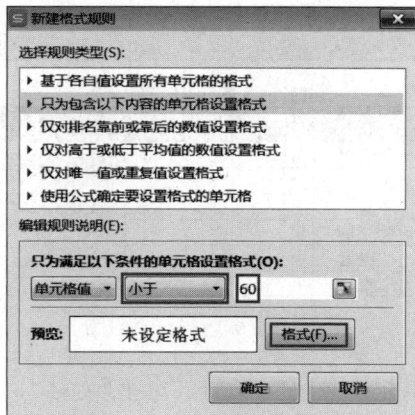

图 4.37　自定义条件格式规则

③ 在"单元格格式"对话框中,"字体"选项卡 →"字形"选择"加粗 倾斜","颜色"选择红色,如图 4.38 所示,"图案"选项卡下"颜色"设置为浅绿色。

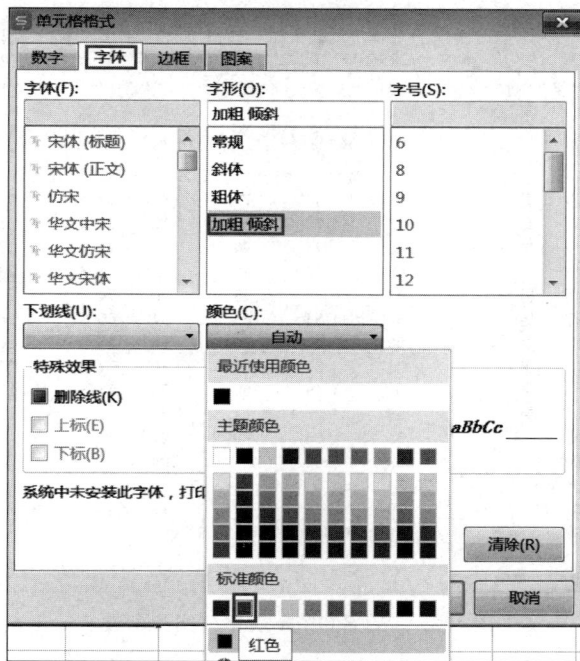

图 4.38　条件格式中字体设置

4.3　WPS Office 表格公式和函数

4.3.1　教学目的

(1) 掌握 WPS Office 表格公式和函数的基本用法。

(2) 掌握 WPS Office 表格相对引用、绝对引用和混合引用的区别。

(3) 掌握 WPS Office 表格 IF 函数的嵌套,COUNTIF 和 RANK 等常用函数的使用。

(4) 学会使用 WPS Office 表格函数解决实际数据处理问题。

4.3.2　教学内容

打开表格练习 1 工作簿,根据图 4.39 WPS Office 表格公式和函数效果图所示,完成下列操作并另存为"表格练习 3-表格公式和函数.et"。

(1) 打开表格练习 1 工作簿,在临本 1 班工作表 H1 单元格添加列标题"平均分",计算每位学生的平均分,保留一位小数(先计算一位同学的平均分,再用填充公式的方法计算其他学生的平均分),在 I1 单元格添加列标题"总分",计算所有学生的总分成绩。

(2) 在 J1 单元格输入列标题"成绩等级",利用 IF 函数的嵌套根据学生的平均分计算出所有学生的成绩等级(平均分小于 60 的为不合格,然后小于 75 的为合格,其余为良好)。

(3) 在 K1 单元格输入列标题"名次",利用 RANK 函数根据学生的总分计算出所有学生的名次。

(4) 合并单元格 A12、B12、C12,输入行标题"科目最高分",利用 MAX 函数计算出各科成

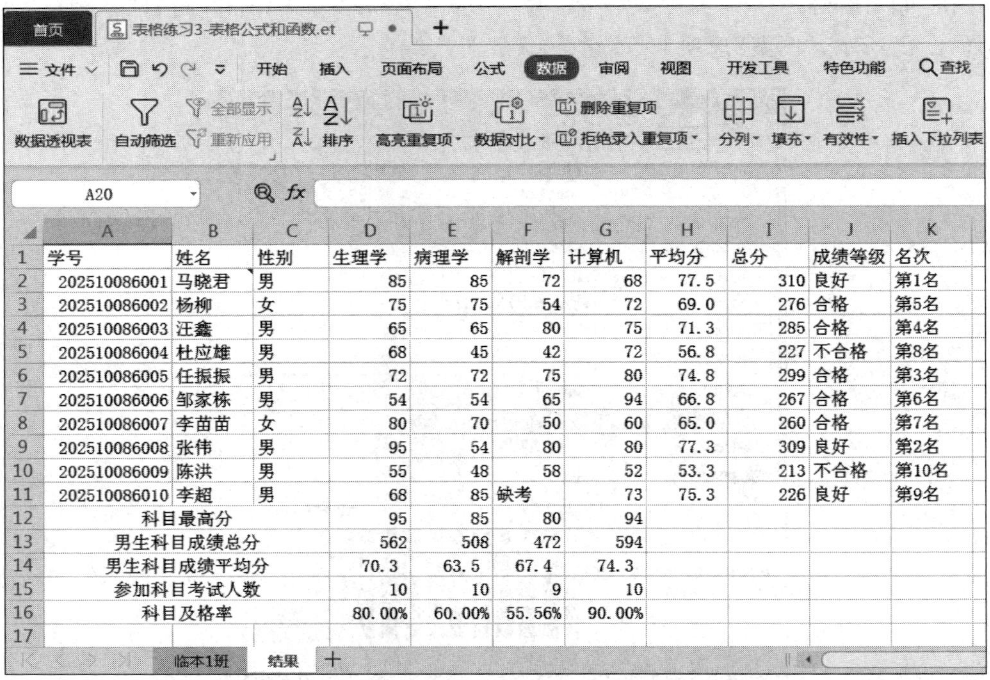

	A	B	C	D	E	F	G	H	I	J	K
1	学号	姓名	性别	生理学	病理学	解剖学	计算机	平均分	总分	成绩等级	名次
2	202510086001	马晓君	男	85	85	72	68	77.5	310	良好	第1名
3	202510086002	杨柳	女	75	75	54	72	69.0	276	合格	第5名
4	202510086003	汪鑫	男	65	65	80	75	71.3	285	合格	第4名
5	202510086004	杜应雄	男	68	45	42	72	56.8	227	不合格	第8名
6	202510086005	任振振	男	72	72	75	80	74.8	299	合格	第3名
7	202510086006	邹家栋	男	54	54	65	94	66.8	267	合格	第6名
8	202510086007	李苗苗	女	80	70	50	60	65.0	260	合格	第7名
9	202510086008	张伟	男	95	54	80	80	77.3	309	良好	第2名
10	202510086009	陈洪	男	55	48	58	52	53.3	213	不合格	第10名
11	202510086010	李超	男	68	85	缺考	73	75.3	226	良好	第9名
12	科目最高分			95	85	80	94				
13	男生科目成绩总分			562	508	472	594				
14	男生科目成绩平均分			70.3	63.5	67.4	74.3				
15	参加科目考试人数			10	10	9	10				
16	科目及格率			80.00%	60.00%	55.56%	90.00%				

图 4.39　WPS Office 表格公式和函数

绩的最高分。

（5）合并单元格 A13、B13、C13，输入行标题“男生科目成绩总分”，利用 SUMIF 函数计算出男生各科成绩的总分。

（6）合并单元格 A14、B14、C14，输入行标题“男生科目成绩平均分”，利用 AVERAGEIF 函数计算出男生各科成绩的平均分，保留一位小数。

（7）合并单元格 A15、B15、C15，输入行标题“参加科目考试人数”，利用 COUNT 函数计算出各科参加考试的人数（去掉 F11 单元格的“数据有效性”，并修改为“缺考”）。

（8）合并单元格 A16、B16、C16，输入行标题“科目及格率”，利用 CONUTIF 函数和公式计算出各个科目的及格率，使用百分比显示并保留 2 位小数。

（9）VLOOKUP 函数的练习：新建一张工作表，利用 VLOOKUP 函数通过学号查询相应学生的“姓名”和“计算机”科目成绩。

4.3.3　教学步骤

（1）打开表格练习 1 工作簿，在临本 1 班工作表 H1 单元格添加列标题“平均分”，计算每位学生的平均分，保留一位小数（先计算一位同学的平均分，再用填充公式的方法计算其他学生的平均分）。在 I1 单元格添加列标题“总分”，计算所有学生的总分成绩。

① 打开临本 1 班工作表，在 H1 单元格中输入列标题“平均分”。选定 H2 单元格，单击“公式”选项卡“fx 插入函数”命令，或者直接单击编辑栏“插入函数”命令按钮 *fx*，打开“插入函数”对话框，如图 4.40 所示。

② 在“插入函数”对话框中单击选择类别“常用函数”或者“全部”，在列表框中选择平均分函数 AVERAGE，单击“确定”按钮，如图 4.41 所示。

图4.40　表格函数的插入

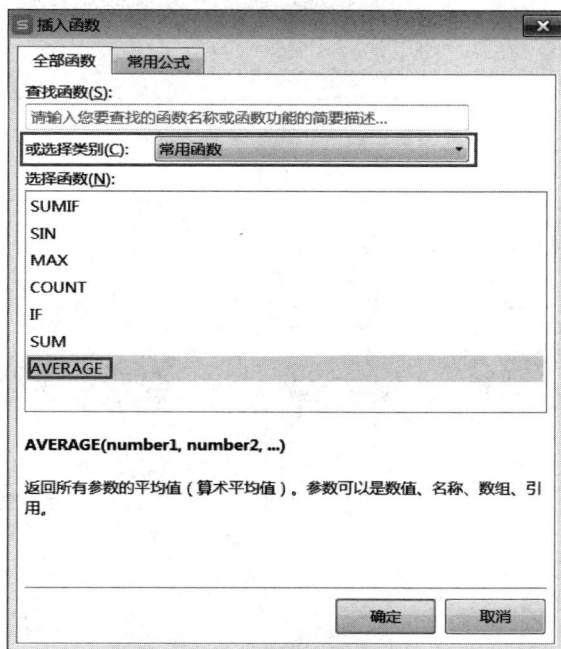

图4.41　"插入函数"对话框

③ 在打开的"函数参数"对话框中,选择第一个参数框(数值1),输入计算平均值的单元格区域地址D2:G2,或者直接在工作表中通过鼠标拖曳选定单元格D2:G2区域,单击"确定"按钮,如图4.42所示。此时单元格H2计算出第一个学生的平均分。

④ 计算其他学生平均分。选定H2单元格,将鼠标移动到单元格的右下角,鼠标指针由空心白色十字形变为黑色十字形后,单击拖动填充柄,拖曳至最后一个单元格(即公式自动填充功能)计算出其他学生的平均分。

⑤ 平均分保留一位小数。选定单元格区域H2:H18,单击"开始"选项卡→"数字"组右下角扩展按钮,打开"单元格格式"对话框→"数字"选项卡→ "数值"分类,小数位数设置为1,如图4.43所示。

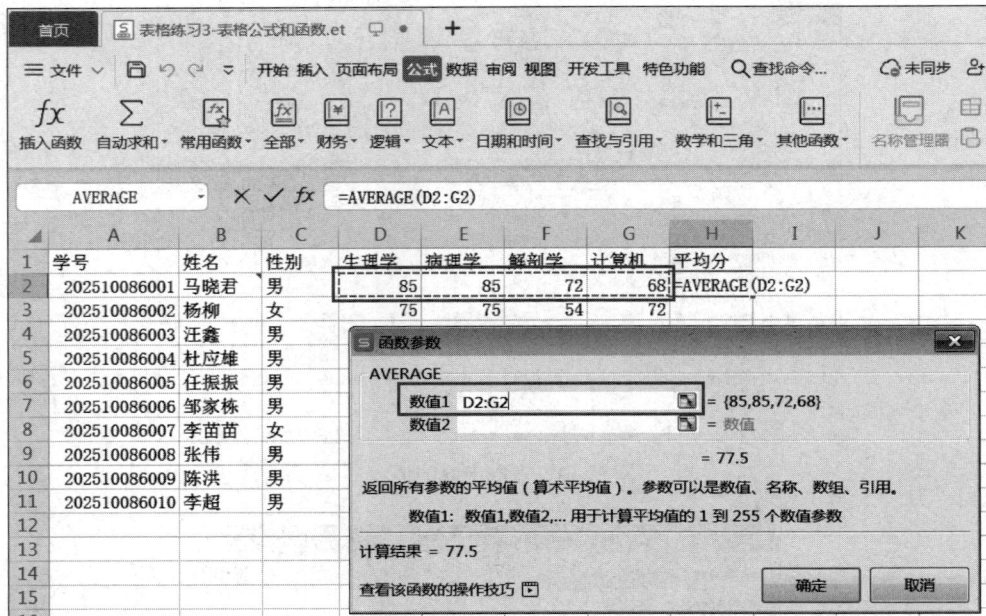

图 4.42 计算数据的选定

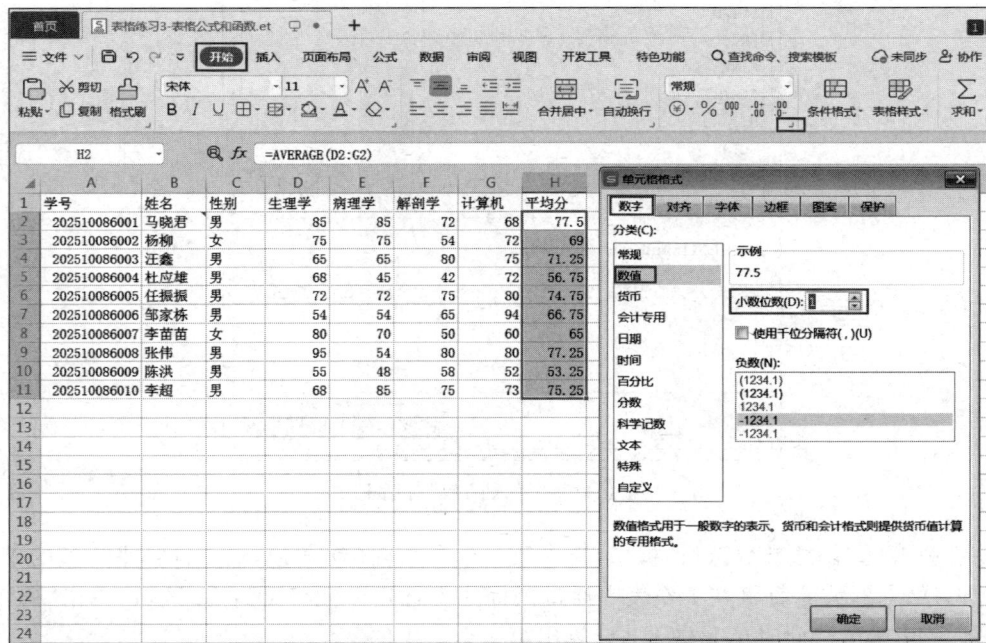

图 4.43 单元格数值格式设置

⑥ 在 I1 单元格输入列标题"总分"，在 I2 单元格插入函数 SUM，对单元格区域 D2:G2 求和，再使用公式的自动填充计算出所有学生的总分成绩。

（2）在 J1 单元格输入列标题"成绩等级"，利用 IF 函数的嵌套根据学生的平均分计算出所有学生的成绩等级（平均分小于 60 的为不合格，然后小于 75 的为合格，其余为良好）。

① J1 单元格输入列标题"成绩等级"。

② 在 J2 单元格插入 IF 函数。在编辑栏中输入"=IF(H2＜60,"不合格",(IF(H2＜75,"合格","良好")))"(注意：除汉字外其余均用英文输入法输入)。然后单击"确定"按钮√,如图 4.44 所示。

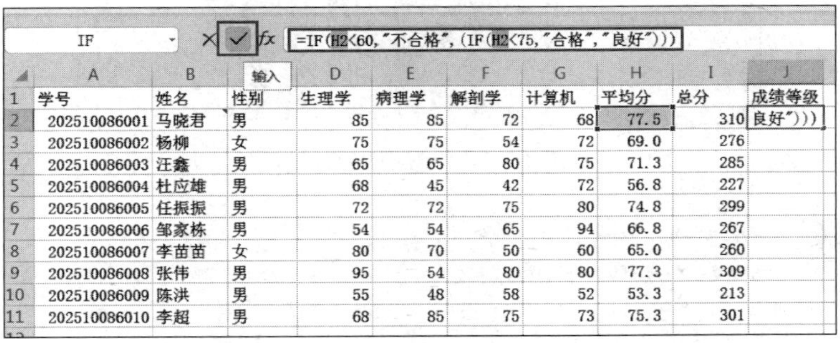

图 4.44 IF 函数的嵌套

③ 将鼠标指针移动到单元格 J2 的右下角,拖动填充柄到 J11 通过公式的自动填充计算出其他学生的成绩等级。

(3) 在 K1 单元格输入列标题"名次",利用 RANK 函数根据学生的总分计算出所有学生的名次。

① 在 K1 单元格输入列标题"排名",选定 K2 单元格,单击编辑栏"插入函数"按钮 fx,打开"插入函数"对话框,在"全部"函数列表中选择 RANK 函数单击"确定",在"函数参数"对话框中,"数值"填入 I2,"引用"填入 I2:I11,如图 4.45 所示。

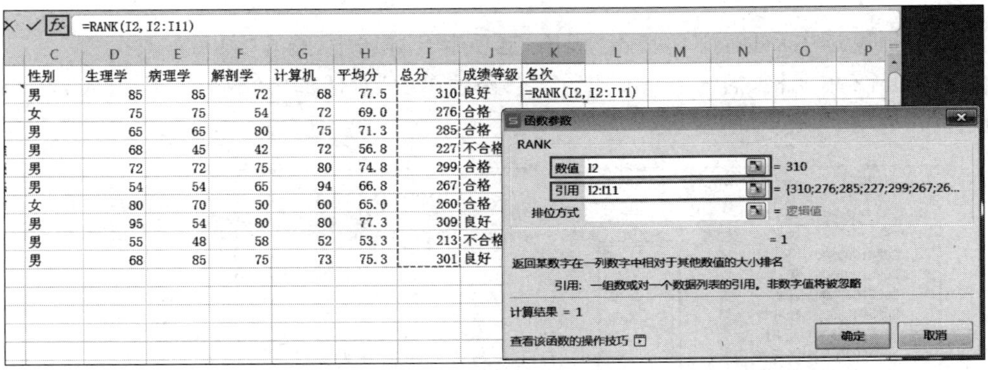

图 4.45 RANK 函数的参数设置

② 通过公式的自动填充生成其他学生名次,出现名次重复,此时需要调整"引用"区域的引用方式,修改为绝对引用,在 I2:I11 的行号与列号前均添加"＄"符号,如图 4.46 所示。

③ 再次通过公式的自动填充生成其他学生的正确名次。

④ 再次选中 K2 单元格在编辑栏内修改公式为"="第" ＆ RANK(I2,I＄2:I＄18) ＆ "名"",公式含义为将排名结果利用"＆"运算符与文字"第"和 "名"连接在一起,组成新的字符"第 X 名"(注意：双引号为英文双引号),最终结果如图 4.47 所示。

(4) 合并单元格 A12、B12、C12,输入行标题"科目最高分",利用 MAX 函数计算出各科成绩的最高分。

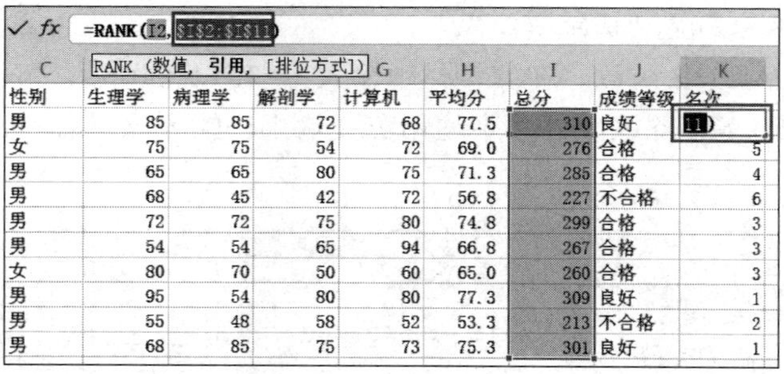

图 4.46　绝对引用的设置

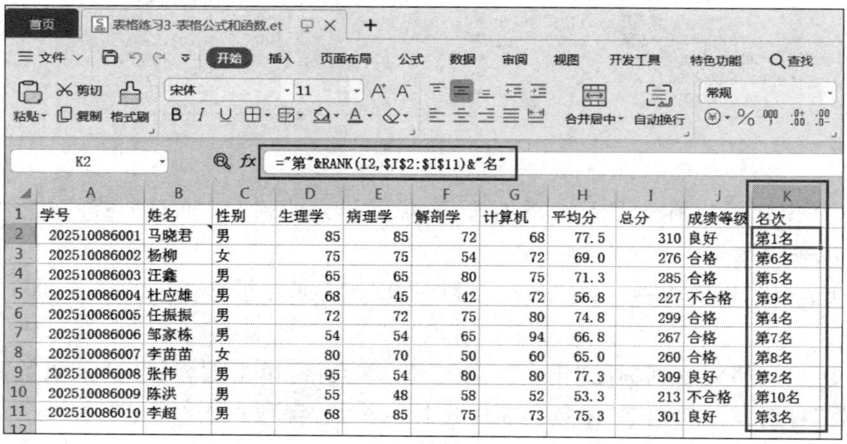

图 4.47　RANK 函数的使用

① 鼠标拖曳选中 A12:C12，单击"开始"选项卡合并居中，输入"科目最高分"。

② 选中 D12 单元格，插入 MAX 函数，在"函数参数"对话框中"数值 1"中填入 D2:D11，单击"确定"按钮，如图 4.48 所示。

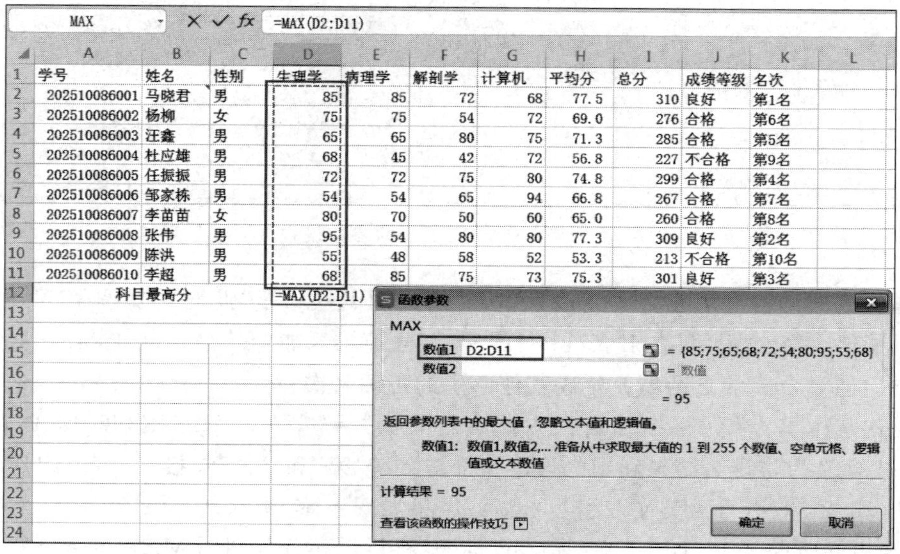

图 4.48　MAX 函数的设置

③ 选定 D12 单元格,将鼠标指针移动到单元格的右下角,单击并拖动填充柄,拖曳至单元格 G12,利用公式的自动填充计算出其他科目的最高分。

(5) 合并单元格 A13、B13、C13,输入行标题"男生科目成绩总分",利用 SUMIF 函数计算出男生各科成绩的总分。

① 鼠标拖曳选中 A13:C13,单击"开始"选项卡→合并居中,输入"男生科目成绩总分"。

② 选中 D13 单元格,插入 SUMIF 函数,在"函数参数"对话框中"区域"(这里需要绝对引用!)填入 ＄C＄2:＄C＄11,"条件"填入"男","求和区域"填入 D2:D11,单击"确定"按钮,如图 4.49 所示,或者直接在编辑栏中输入公式为"=SUMIF(＄C＄2:＄C＄11."男",D2:D11)"。

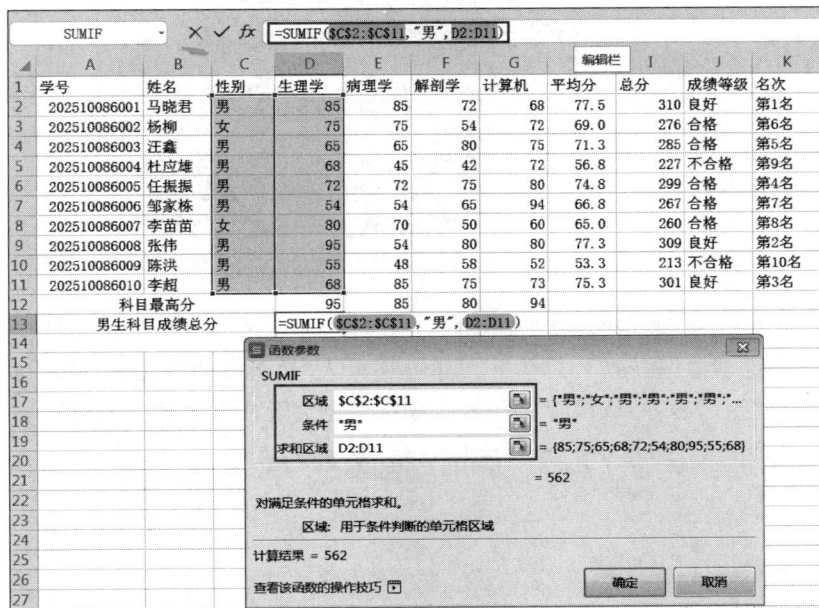

图 4.49 SUMIF 函数的设置

③ 选定 D13 单元格,将鼠标指针移动到单元格的右下角,单击并拖动填充柄,拖曳至单元格 G13,利用公式的自动填充计算出其他科目男生的总成绩。

(6) 合并单元格 A14、B14、C14,输入行标题"男生科目成绩平均分",利用 AVERAGEIF 函数计算出男生各科成绩的平均分.保留一位小数。

① 鼠标拖曳选中 A14:C14,单击"开始"选项卡→合并居中,输入"男生科目成绩平均分"。

② 选中 D14 单元格,插入 AVERAGEIF 函数,在"函数参数"对话框中"区域"(这里需要绝对引用!)填入 ＄C＄2:＄C＄11,"条件"填入"男","求平均值区域"填入 D2:D11,单击确定按钮,如图 4.50 所示,或者直接在编辑栏中输入公式为"=AVERAGEIF(＄C＄2:＄C＄11,"男",D2:D11)"。

③ 选定 D14 单元格,将鼠标移动到单元格的右下角,单击并拖动填充柄,拖曳至单元格 G14,利用公式的自动填充计算出其他科目男生的平均分。

④ 选定单元格区域 D14:G14,右击调出"设置单元格格式"命令,依次选择"单元格格式"对话框→"数字"选项卡→"数值"分类,小数位数设置为1。

(7) 合并单元格 A15、B15、C15,输入行标题"参加科目考试人数",利用 COUNT 函数计算出各科参加考试的人数(去掉 F11 单元格的"数据有效性",并修改为"缺考")。

① 鼠标拖曳选中 A15:C15,单击"开始"选项卡→合并居中,输入"参加科目考试人数"。

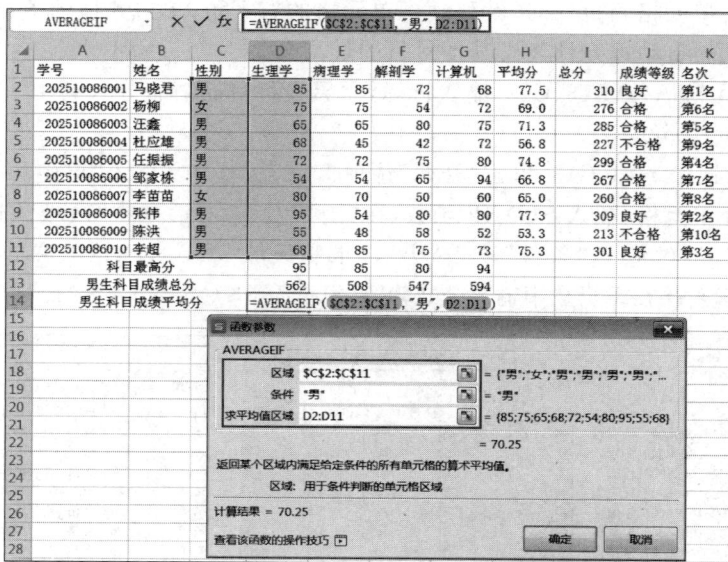

图 4.50　AVERAGEIF 函数的设置

② 选中 F11 单元格，单击"数据"选项卡"有效性"命令，在弹出的"数据有效性"对话框中单击最下面的"全部清除"按钮，最后在 F11 单元格输入"缺考"，如图 4.51 所示（F11 单元格数据发生修改后，平均分、总分、成绩等级和名次等结果也会随之发生相应变化）。

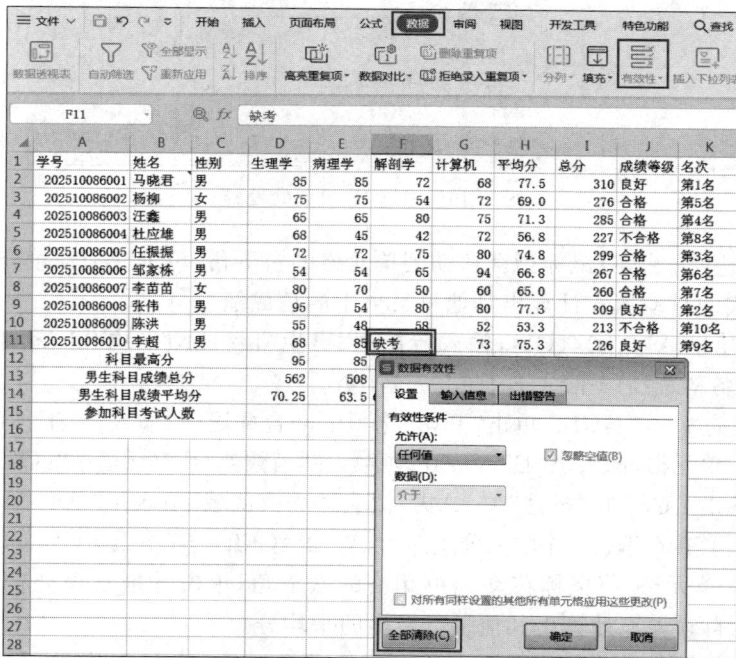

图 4.51　"数据有效性"的调整

③ 选中 D15 单元格，插入 COUNT 函数，在"函数参数"对话框中"值 1"填入 D2:D11，单击"确定"按钮，如图 4.52 所示，或者直接在编辑栏中输入公式为"＝COUNT(D2:D11)"。

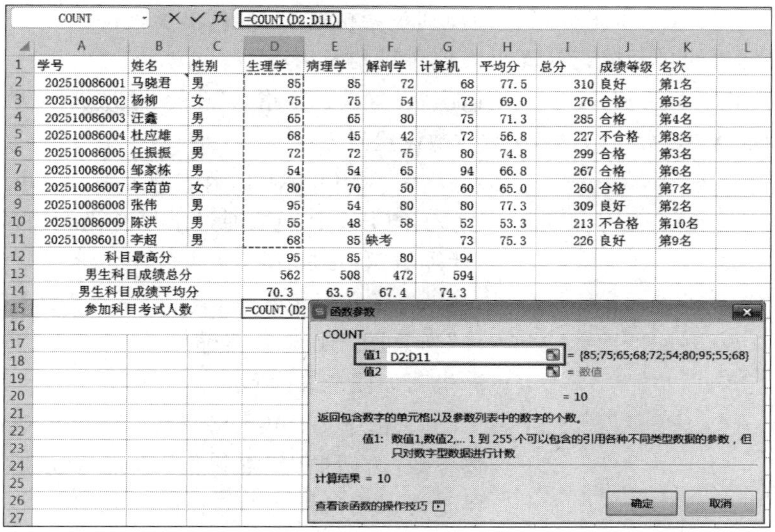

	A	B	C	D	E	F	G	H	I	J	K
1	学号	姓名	性别	生理学	病理学	解剖学	计算机	平均分	总分	成绩等级	名次
2	202510086001	马晓君	男	85	85	72	68	77.5	310	良好	第1名
3	202510086002	杨柳	女	75	75	54	72	69.0	276	合格	第5名
4	202510086003	汪鑫	男	65	65	80	75	71.3	285	合格	第4名
5	202510086004	杜应雄	男	68	45	42	72	56.8	227	不合格	第8名
6	202510086005	任振振	男	72	72	75	80	74.8	299	合格	第3名
7	202510086006	邹家栋	男	54	54	65	94	66.8	267	合格	第6名
8	202510086007	李苗苗	女	80	70	50	60	65.0	260	合格	第7名
9	202510086008	张伟	男	95	54	80	80	77.3	309	良好	第2名
10	202510086009	陈洪	男	55	48	58	52	53.3	213	不合格	第10名
11	202510086010	李超	男	68	85	缺考	73	75.3	226	良好	第9名
12	科目最高分			95	85	80	94				
13	男生科目成绩总分			562	508	472	594				
14	男生科目成绩平均分			70.3	63.5	67.4	74.3				
15	参加科目考试人数			=COUNT(D2							

图 4.52　COUNT 函数的设置

④ 选定 D15 单元格，将鼠标移动到单元格的右下角，单击并拖动鼠标填充柄，拖曳至单元格 G15，利用公式的自动填充计算出其他科目参加考试的人数。

(8) 合并单元格 A16、B16、C16，输入行标题“科目及格率”，利用 CONUTIF 函数和公式计算出各个科目的及格率，使用百分比显示并保留 2 位小数。

① 鼠标拖曳并选中 A16:C16，单击“开始”选项卡→合并居中，输入“科目及格率”。

② 选中 D16 单元格，插入 COUNTIF 函数，在“函数参数”对话框中“区域”填入 D2:D11，“条件”填入>=60（填完再单击其他区域会自动为条件加上英文双引号），单击“确定”按钮，如图 4.53 所示，或者直接在编辑栏中输入公式为“=COUNTIF(D2:D11,">=60")”计算出科目及格人数。继续在编辑栏中调整公式再除以 D15 单元格中数据即可计算出科目及格率，最终编辑栏完整公式为“=COUNTIF(D2:D11,">=60")/D15”。

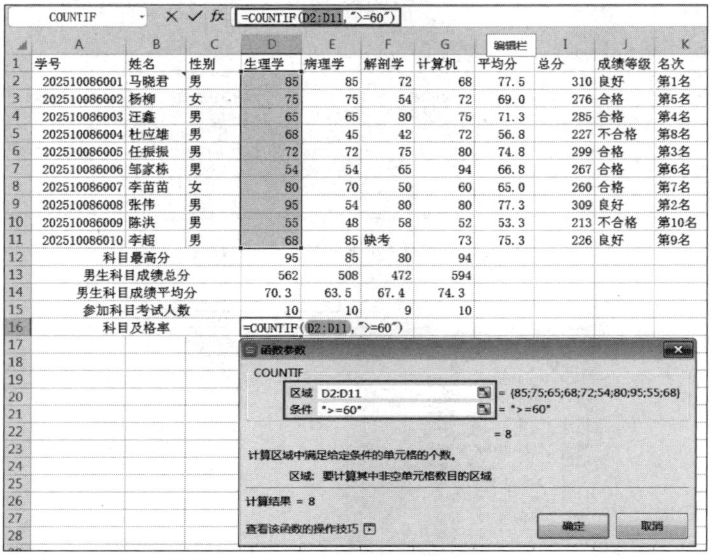

	A	B	C	D	E	F	G	H	I	J	K
1	学号	姓名	性别	生理学	病理学	解剖学	计算机	平均分	总分	成绩等级	名次
2	202510086001	马晓君	男	85	85	72	68	77.5	310	良好	第1名
3	202510086002	杨柳	女	75	75	54	72	69.0	276	合格	第5名
4	202510086003	汪鑫	男	65	65	80	75	71.3	285	合格	第4名
5	202510086004	杜应雄	男	68	45	42	72	56.8	227	不合格	第8名
6	202510086005	任振振	男	72	72	75	80	74.8	299	合格	第3名
7	202510086006	邹家栋	男	54	54	65	94	66.8	267	合格	第6名
8	202510086007	李苗苗	女	80	70	50	60	65.0	260	合格	第7名
9	202510086008	张伟	男	95	54	80	80	77.3	309	良好	第2名
10	202510086009	陈洪	男	55	48	58	52	53.3	213	不合格	第10名
11	202510086010	李超	男	68	85	缺考	73	75.3	226	良好	第9名
12	科目最高分			95	85	80	94				
13	男生科目成绩总分			562	508	472	594				
14	男生科目成绩平均分			70.3	63.5	67.4	74.3				
15	参加科目考试人数			10	10	9	10				
16	科目及格率			=COUNTIF(D2:D11,">=60")							

图 4.53　COUNTIF 函数的设置

③ 选定 D16 单元格,将鼠标指针移动到单元格的右下角,单击拖动鼠标填充柄,拖曳至单元格 G16,利用公式的自动填充计算出其他科目的及格率。

④ 选定单元格区域 D16:G16,右击调出"设置单元格格式"命令,依次选择"单元格格式"对话框→"数字"选项卡→"百分比"分类,小数位数设置为2。

图 4.54　新工作表原始数据

（9）VLOOKUP 函数的练习:新建一张工作表,利用 VLOOKUP 函数通过学号查询相应学生的"姓名"和"计算机"科目成绩。

① 建立新工作表,复制"临本 1 班"工作表中的"学号"列数据,B1 单元格输入"姓名",C1 单元格输入"计算机",如图 4.54 所示。

② 选中 B2 单元格,插入 VLOOKUP 函数,在"函数参数"对话框中"查找值"填入 A2,"数据表"（这里需要绝对引用!）填入"临本 1 班!＄A＄1:＄G＄11","列序数"填入 2,单击"确定"按钮,如图 4.55 所示。或者直接在编辑栏中输入公式为"＝VLOOKUP(A2,临本 1 班!＄A＄1:＄G＄11,2)"。选定 B2 单元格,将鼠标指针移动到单元格的右下角,单击并拖动鼠标填充柄,拖曳至单元格 B11,利用公式的自动填充输入相应学号对应的学生姓名。

③ 查询计算机成绩,选择 C2 单元格用上一步的方法完成数据的查询和公式的填充,最终查询结果如图 4.56 所示。

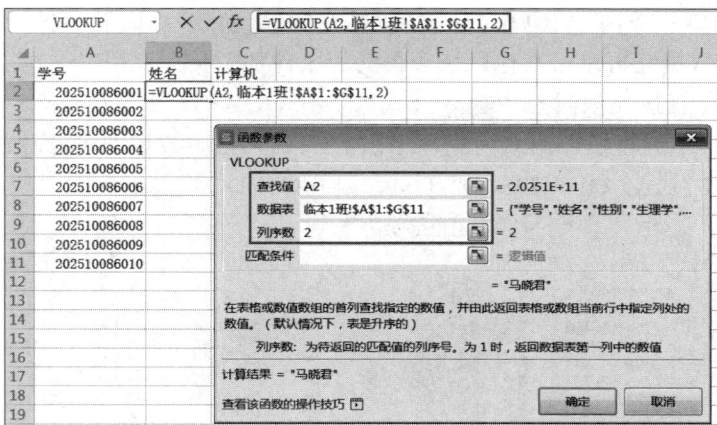

图 4.55　VLOOKUP 函数的设置

图 4.56　VLOOKUP 函数练习最终效果

4.4　WPS Office 表格图表

4.4.1　教学目的

（1）掌握 WPS Office 表格中常用图表类型的功能与适用场景。

（2）掌握 WPS Office 表格中根据数据特征选择合适的图表类型并进行创建。

（3）掌握 WPS Office 表格中图表元素（标题、坐标轴、数据标签等）的调整。

（4）掌握 WPS Office 表格中动态数据更新与图表联动的方法，实现数据可视化。

4.4.2　教学内容

打开表格练习 1 工作簿，根据下列操作用临本 1 班工作表中相关数据生成一个柱形图（最终效果如图 4.57 所示），并另存为"表格练习 4-表格图表.et"。

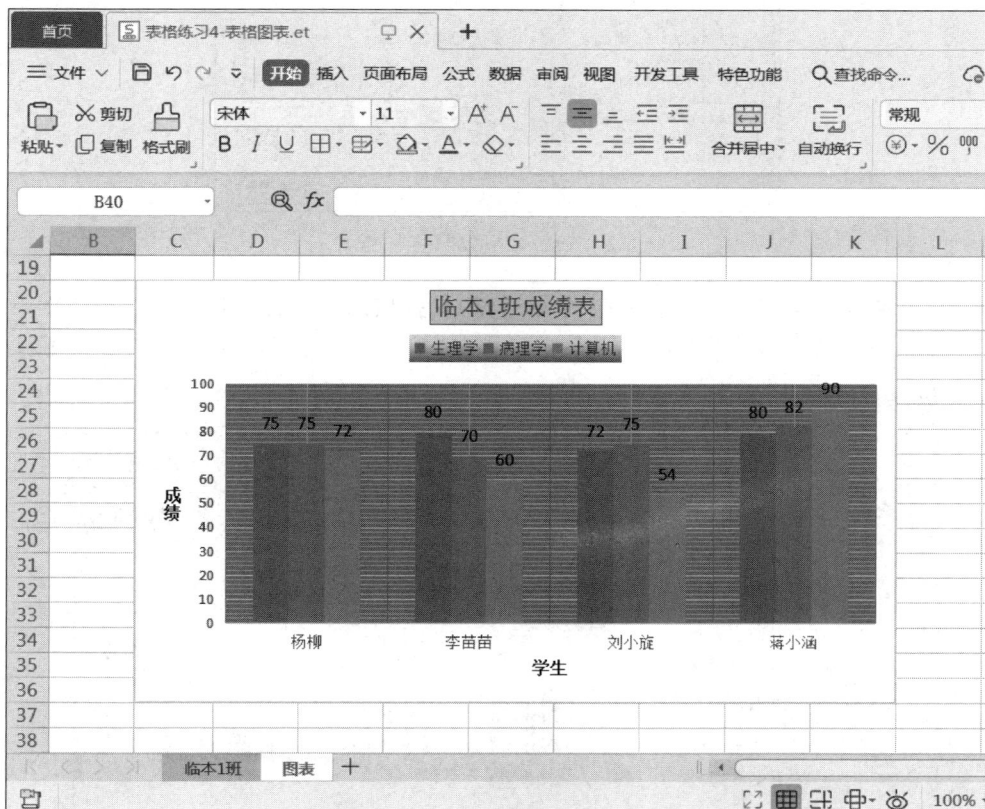

图 4.57　WPS Office 表格图表

（1）打开"临本 1 班"工作表，选择学号的前四位女生的生理学、病理学和计算机成绩创建簇状柱形图。

（2）更改图表布局为"布局 9"。

（3）编辑图表，添加和调整图表元素。

（4）调整图表的位置，并调整图表的格式。

4.4.3　教学步骤

（1）打开"临本 1 班"工作表，选择学号的前四位女生的生理学、病理学和计算机成绩创建簇状柱形图。

① 选定不连续的单元格区域。按住 Ctrl 键，单击先选择首行相应列标题，再依次单击选择学号的前四位女生和对应的成绩，如图 4.58 所示。

图 4.58　表格数据的选定

② 单击"插入"选项卡→"全部图表"命令按钮，在弹出的"插入图表"对话框中依次单击"柱形图"→"簇状柱形图"，选择下方首个样式，最后单击"插入"命令按钮确认，如图 4.59 所示。

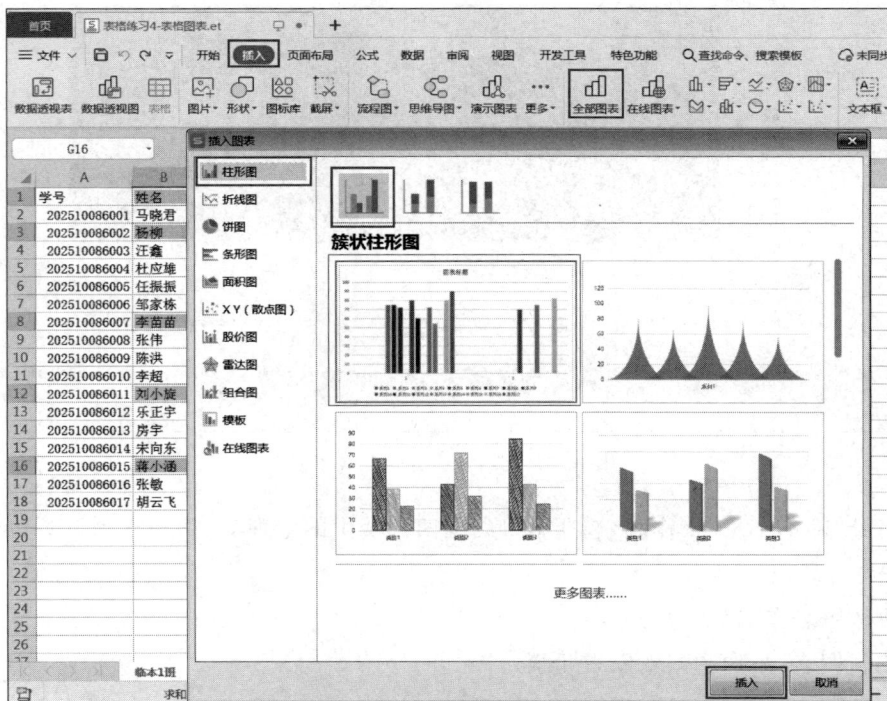

图 4.59　创建簇状柱形图

（2）更改图表布局为"布局 9"。

选择创建的图表，单击"图表工具"选项卡→"快速布局"按钮，在下拉菜单中选择"布局 9"（标准布局）选项，即可调整图表的样式，如图 4.60 所示（一般列的标题数目小于行的标题数时，列标题会成为图例显示，这里列标题科目名称在图表创建时会变成图例）。

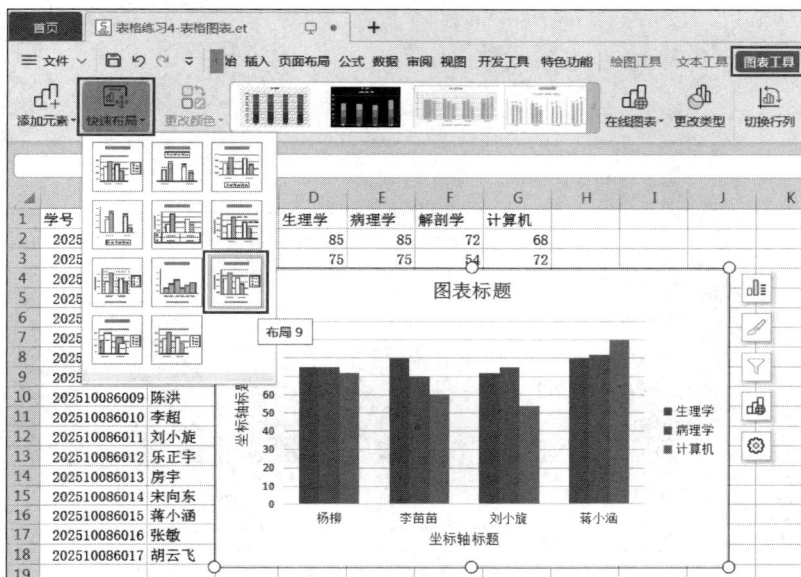

图 4.60　图表布局调整

（3）编辑图表，添加和调整图表元素。

① 在图表上方图表标题处输入"临本 1 班成绩表"。

② 调整图例为顶部。单击图表，选择"图表工具"选项卡"添加元素"下拉菜单"图例"选项"顶部"，如图 4.61 所示。

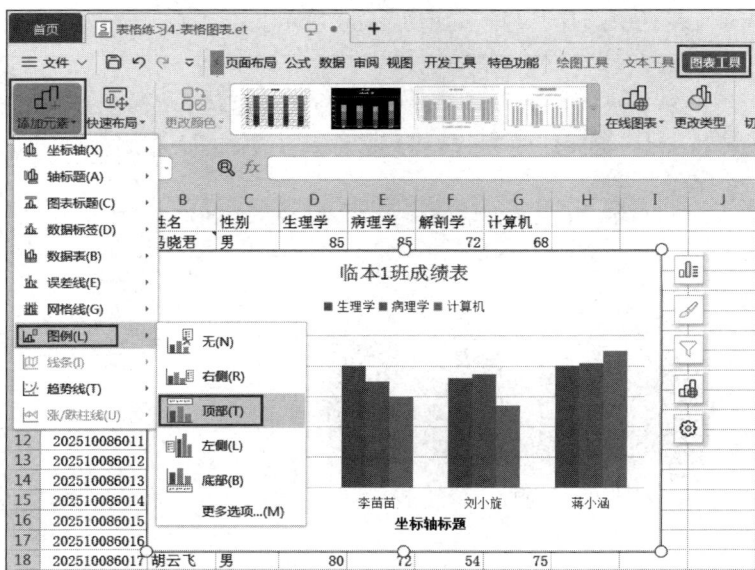

图 4.61　调整图例

③ 修改横向坐标轴标题为"学生"，修改纵向坐标轴标题为"成绩"。选择"图表工具"选项卡→"添加元素"下拉菜单→"数据标签"选项，单击"数据标签外"命令添加数据标签；选择"图表工具"选项卡→"添加元素"下拉菜单→"网格线"选项，依次添加所有网格线，如图 4.62 所示。

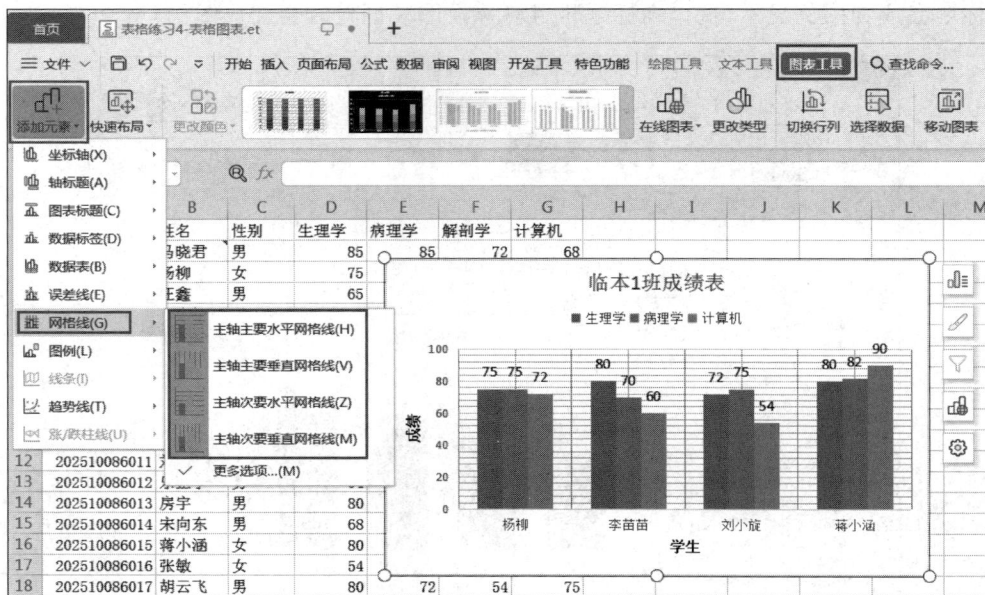

图 4.62　图表元素的添加

（4）调整图表的位置，并调整图表的格式。

① 单击图表拖曳至学生数据下方，按住 Alt 键不松，再拖动图表边框使图表嵌入到单元格 C20:K36 区域。

② 调整纵坐标标题文字方向。单击纵坐标标题"成绩"，选择"图表工具"选项卡→"设置格式"命令，调出"属性"对话框，再依次单击"文本选项"选项卡→"文本框"菜单→"对齐方式"下拉菜单文字方向列表栏中选择"竖排"，如图 4.63 所示。

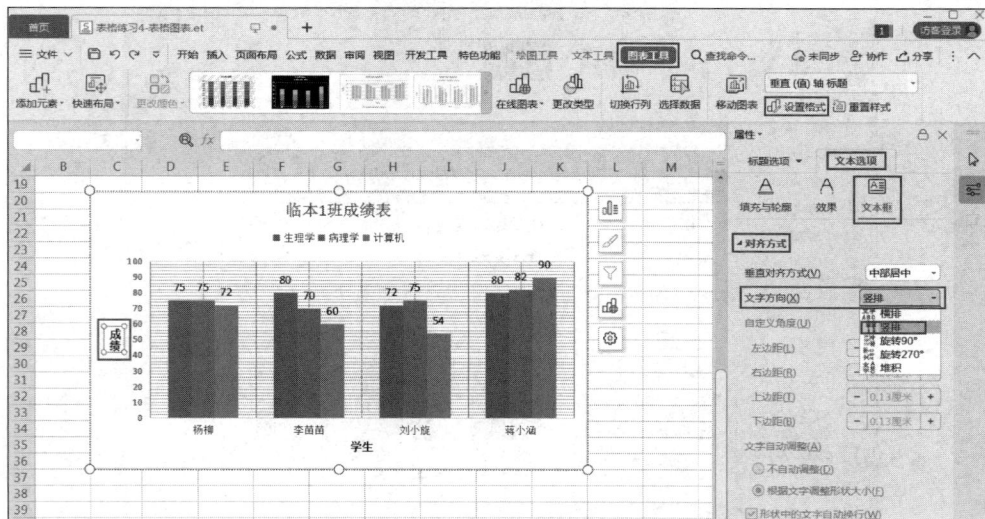

图 4.63　文字方向调整

③ 调整标题格式。单击标题"临本1班成绩表",选择选择"图表工具"选项卡→"设置格式"命令,调出"属性"对话框,再依次单击"标题选项"选项卡→"填充与线条"下拉菜单→"线条"选项下选择"实线"、颜色列表栏选择标准颜色"红色","填充"选项下选择"纯色填充"、颜色列表栏选择"金色,着色4,浅色40%",如图4.64所示。

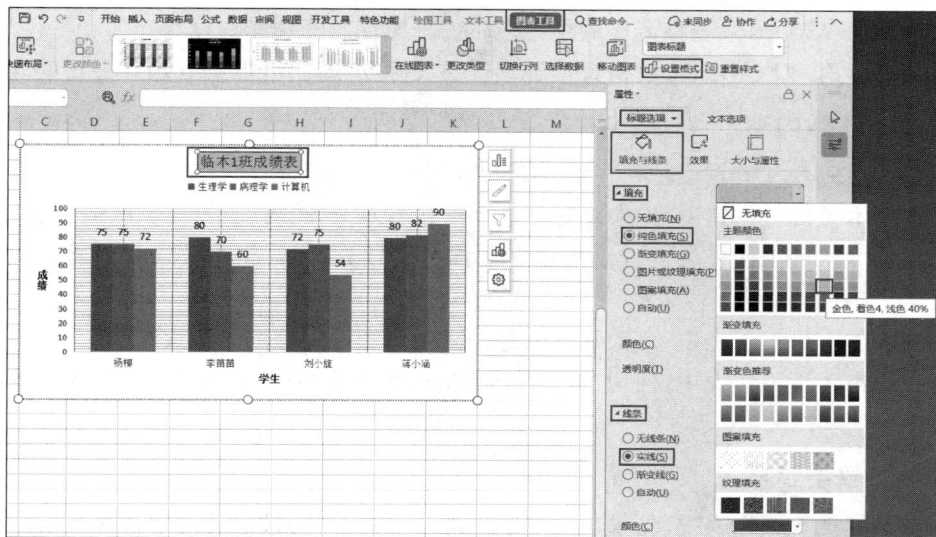

图4.64　标题格式设置

④ 调整图例格式。单击图例"科目列表",参见上一条依次单击,在"填充"选项下选择"渐变填充",颜色列表栏选择"黄色-橄榄绿渐变"。

⑤ 调整绘图区格式。单击绘图区,参见第3条依次单击,在"填充"选项下选择"纯色填充",颜色列表栏选择"淡绿-着色6",如图4.65所示。

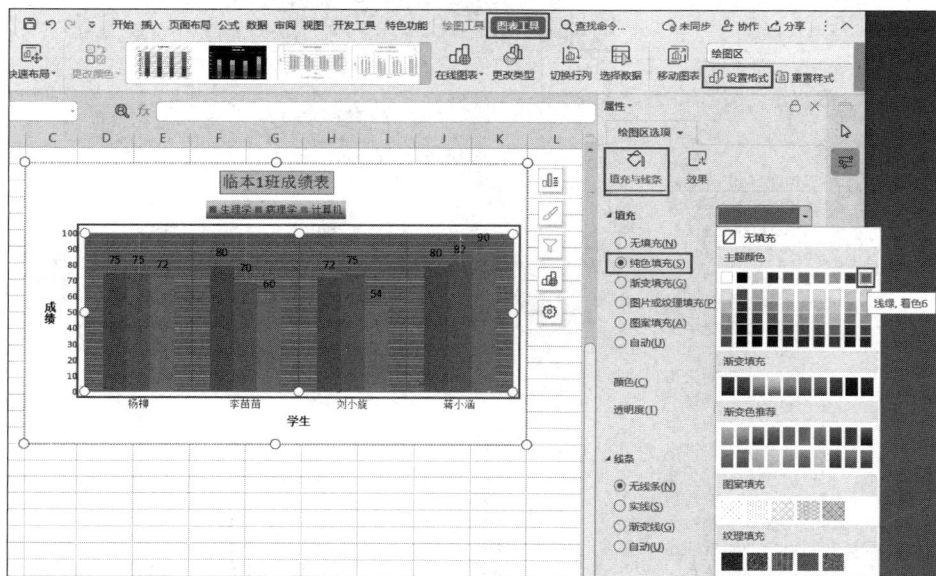

图4.65　绘图区格式设置

4.5　WPS Office 表格数据管理

4.5.1　教学目的

（1）掌握 WPS Office 表格在数据管理方面的基本操作。
（2）掌握 WPS Office 表格数据的排序、筛选、分类汇总等功能。
（3）熟练运用 WPS Office 表格数据管理解决实际问题，提升数据处理和分析的能力。

4.5.2　教学内容

打开表格练习 1 工作簿，完成下列数据管理操作。
（1）在临本 1 班工作表中，先求出各个学生的科目总分，再按总分降序排序（快速排序）。
（2）在临本 1 班工作表中进行复杂排序。首先按总分排序，当总分一样时按计算机分数降序排序。
（3）在临本 1 班工作表中，自动筛选出总分高于班级平均分的男生成绩。
（4）在临本 1 班工作表中，使用"高级筛选"功能筛选出"总分>300"的男生和所有"总分<265"的学生。

4.5.3　教学步骤

（1）在临本 1 班工作表中，先求出各个学生的科目总分，再按总分降序排序（快速排序）。
① 打开"临本 1 班"工作表，在 H1 单元格输入列标题"总分"，利用 SUM 函数依次在单元格区域 H2:H18 中求出各个学生的科目总成绩。
② 选择总分列中任意一个单元格，选择"数据"选项卡→"降序"命令按钮，即可使工作表内的所有数据以总分降序排列，如图 4.66 所示（数据区域需要取消单元格合并）。

图 4.66　快速排序设置

（2）在临本1班工作表中，进行复杂排序，首先按总分排序，当总分一样时按计算机成绩降序排序。

① 打开"临本1班"工作表，选定数据清单区域A1:H18，单击"数据"选项卡→"排序"命令按钮，打开"排序"对话框。

② 在"主要关键字"下拉列表框中选择"总分"。单击左上角的"添加条件"按钮增加新的条件，在"次要关键字"下拉列表框中选择"计算机"，"次序"下拉列表中均选择"降序"，排序结果如图4.67所示。

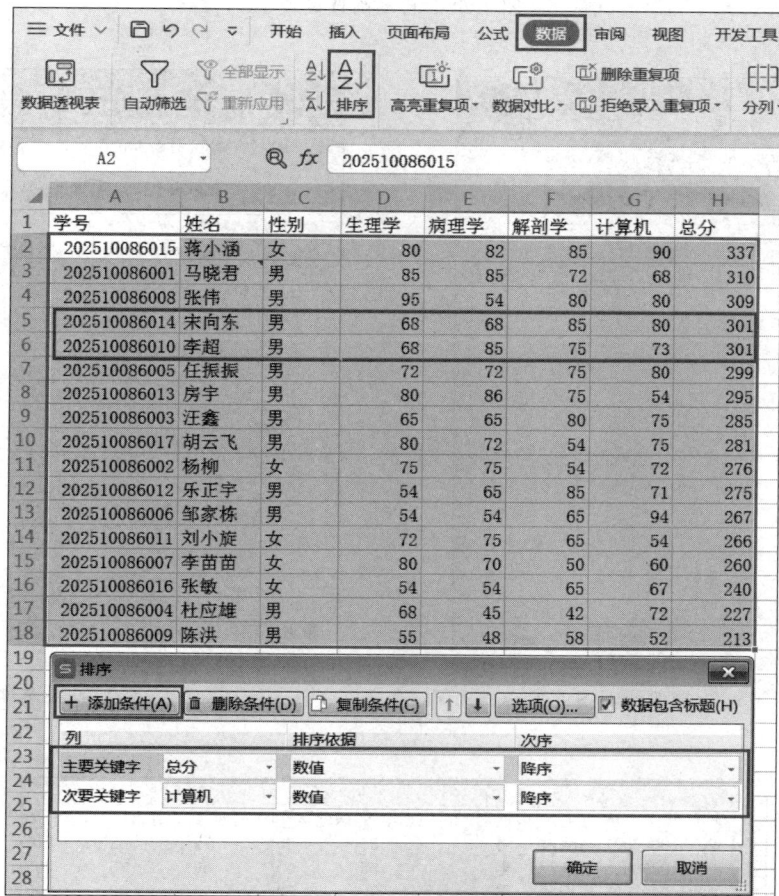

图4.67　复杂排序设置

（3）在临本1班工作表中，自动筛选出总分高于班级平均分的男生成绩。

① 在"临本1班"工作表，选定列标题区域A1:H1，单击"数据"选项卡→"自动筛选"命令，此时"自动筛选"命令背景变成灰色，同时工作表中数据清单的列标题全部变成下拉列表框，如图4.68所示。

② 筛选出男生的数据，单击"性别"字段右侧的下拉按钮，下拉列表中列出了多个筛选条件，选择"男"，如图4.69所示。

③ 筛选出"总分"中"高于平均值"的数据，单击"总分"字段右侧下拉按钮，在下拉列表中选择"高于平均值"命令，即可实现筛选，如图4.70所示，自动筛选结果如图4.71所示。

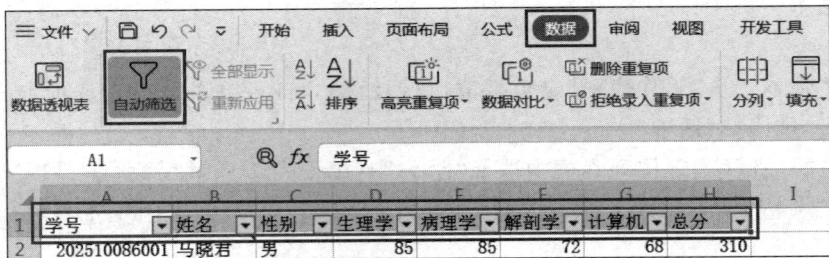

图 4.68　自动筛选设置

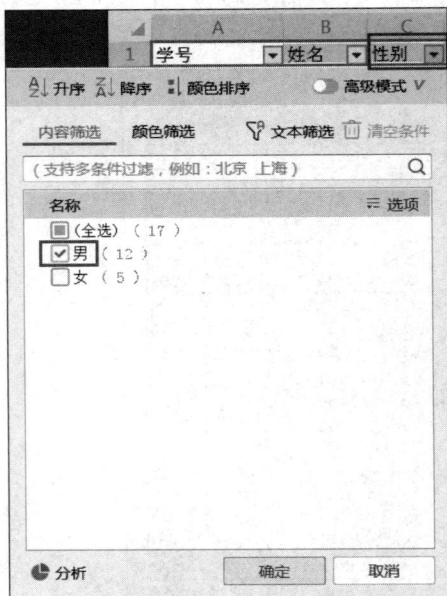

图 4.69　筛选性别条件

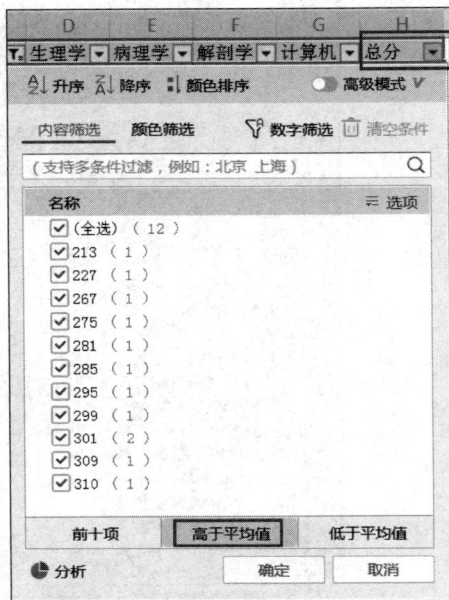

图 4.70　筛选总分条件

	A	B	C	D	E	F	G	H	
1	学号	姓名	性别	生理学	病理学	解剖学	计算机	总分	
2	202510086001	马晓君	男	85	85	72	68	310	
4	202510086003	汪鑫	男	65	65	80	75	285	
6	202510086005	任振振	男	72	72	75	80	299	
9	202510086008	张伟	男	95	54	80	80	309	
11	202510086010	李超	男	68	85	75	73	301	
14	202510086013	房宇	男	80	86	75	54	295	
15	202510086014	宋向东	男	68	68	85	80	301	
18	202510086017	胡云飞	男	80	72	54	75	281	

图 4.71　自动筛选结果

④ 若需取消自动筛选功能,选择"数据"选项卡→"自动筛选"命令,即可取消筛选,恢复所有数据显示。

(4) 在临本 1 班工作表中,使用"高级筛选"功能筛选出"总分＞300"的男生和所有"总分＜265"的学生。

① 打开"临本 1 班"工作表,在工作表空白区域建立筛选条件(注意:同行条件是"与"关

系,异行条件是"或关系"),单击学生成绩数据区域。

②选择"数据"选项卡→"自动筛选"命令右下侧扩展命令按钮,弹出"高级筛选"对话框。此时"列表区域"文本框中系统已经自动设置区域地址,不需要修改,单击"条件区域",单击选择自己建立的高级筛选条件区域,单击"确定"按钮,如图4.72所示,筛选结果如图4.73所示。

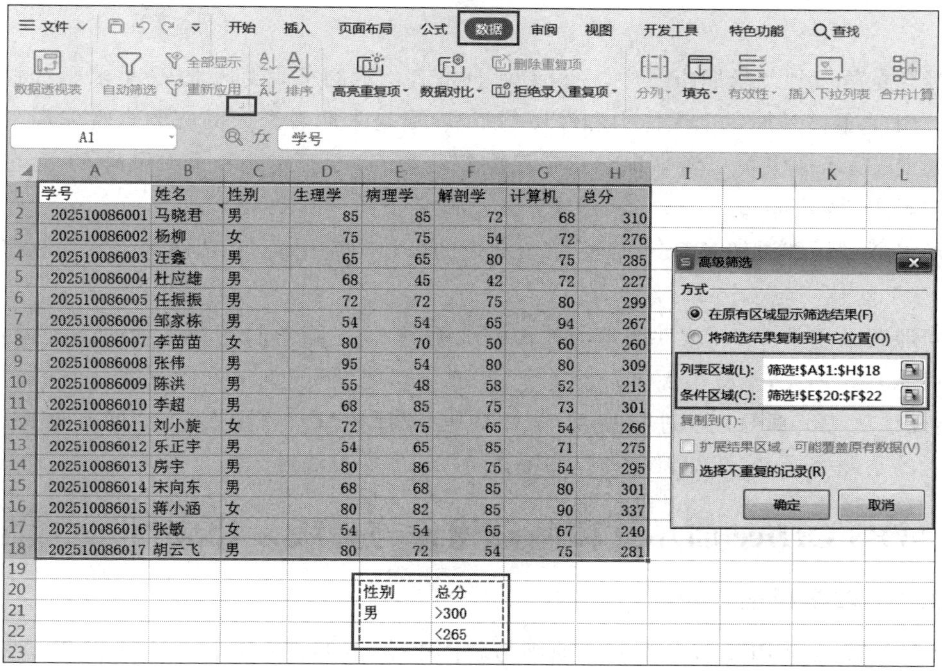

图4.72　高级筛选设置

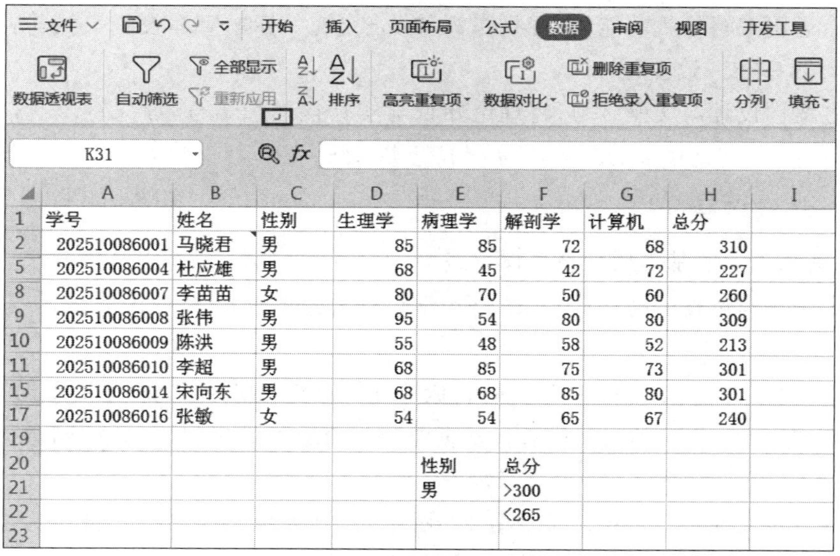

图4.73　高级筛选结果

第5章

WPS Office演示文稿设计与应用实训

在当今竞争激烈的求职市场中，一份专业且富有创意的求职简历 PPT 是求职者脱颖而出的关键。PPT 不仅是展示个人能力和经历的工具，更是求职者个人品牌的直观体现。通过精心设计的 PPT，求职者可以清晰地传达自己的职业素养、专业技能和个人风采，从而有助于在众多求职者中脱颖而出。

本章将通过详细讲解 WPS Office 演示文稿的设计与应用实训，帮助学生掌握制作专业求职简历 PPT 的技巧，提升求职竞争力。

由于课程采用的 WPS 软件版本为教育考试版，相较于同学们平时使用的个人版，演示文稿部分功能差异较大，删减了大量自动美化 PPT 的功能，更侧重于基础操作技能的实践。因此，案例设计从考试真题入手进行改造，涵盖 WPS 课程教学中的知识点，穿插着 WPS 二级考试改造后的真题实操，实现知识和技能的提升。

5.1　WPS Office 演示文稿基础操作与母版设计应用

5.1.1　教学目的

（1）理解并运用 PPT 设计的基本原则与总体思路，为制作专业求职简历 PPT 奠定基础。

（2）熟练掌握创建空白幻灯片、统一设置背景、添加 logo 及调整标题幻灯片背景等基础操作。

（3）灵活运用编辑母版功能，实现批量添加 logo、统一标题字体设置等操作，提升演示文稿的整体设计效率与一致性。

（4）通过案例设计与实操练习，将理论知识与实际操作相结合，加深对 WPS 演示文稿功能的理解与应用，为后续章节的深入学习打下坚实基础。

5.1.2　教学内容

1. 演示文稿设计的基本原则与总体思路

（1）确定主题与风格。现代简约，结合专业性与视觉冲击力，展现求职者的专业素养和独特魅力。

（2）准备软件、工具及素材。安装最新版本的 WPS Office（本课程和实训采用教育版 WPS），确保功能齐全，便于编辑和排版。从资源包中获取所需素材，包括校园主体大楼图片、毕业生高清照片、相关证书图片及文本资料等。

（3）设计自定义模板。根据求职岗位（如医生）设计模板，涵盖封面、目录、内容页和结尾页。选择专业色调（如蓝色或绿色），传递信任与可靠感。采用渐变或纯色背景，确保文字可读性，设计统一的页面布局，明确划分标题区、内容区和图片/图标区。

2．母版设计应用

母版设计是 WPS 演示文稿实现批量格式统一的核心功能，通过编辑母版可一次性设置所有幻灯片的背景、logo、字体等元素，提升制作效率。具体应用要点如下。

1）母版与版式的关系

母版包含多个版式（如标题幻灯片版式、内容页版式等），可针对不同类型幻灯片定制专属格式。

2）批量元素添加

logo 批量植入：在母版右上角插入透明 logo 图片，调整位置，确保所有幻灯片自动显示企业/个人标识。

背景统一设置：在母版中选择"图片或纹理填充"，应用素材包中的背景图并"全部应用"，避免逐页修改背景的重复操作。

3）字体样式统一

选中母版标题占位符，设置字体为"黑体"，字号 36 号；正文占位符设置为"微软雅黑"，字号 24 号，形成清晰的层级结构。

针对"节标题"版式，单独修改标题颜色为自定义 RGB(248,192,165)，突出章节划分。

结合考试需求，母版设计覆盖二级考试高频考点（如背景设置、占位符格式、元素对齐），确保实操与应试结合。

5.1.3 教学步骤

1．创建空白幻灯片

启动 WPS Office 软件，选择"新建"按钮中的"演示"类别，单击"新建空白文档"按钮，创建空白的演示文稿，如图 5.1 所示。

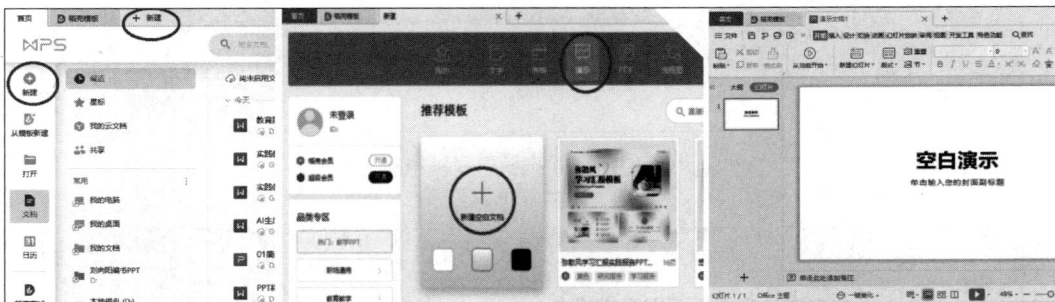

图 5.1 空白演示文稿的创建

2．统一所有幻灯片的背景

（1）单击"视图"选项卡中的"幻灯片母版"按钮，选中主题母版（左侧窗格中第一个幻灯片），如图 5.2 所示。

（2）单击"幻灯片母版"选项卡中的"背景"按钮，打开"对象属性"窗格，如图 5.3 所示。

（3）"对象属性"窗格的"填充"中选中"图片或纹理填充"按钮，单击"图片填充"后面的"请选择图片"下拉按钮，在列表中选中"本地文件"命令，打开"选择纹理"对话框，找到素材包中的"背景.png"图片，单击"打开"按钮，并选择"全部应用"按钮，如图 5.4 所示。

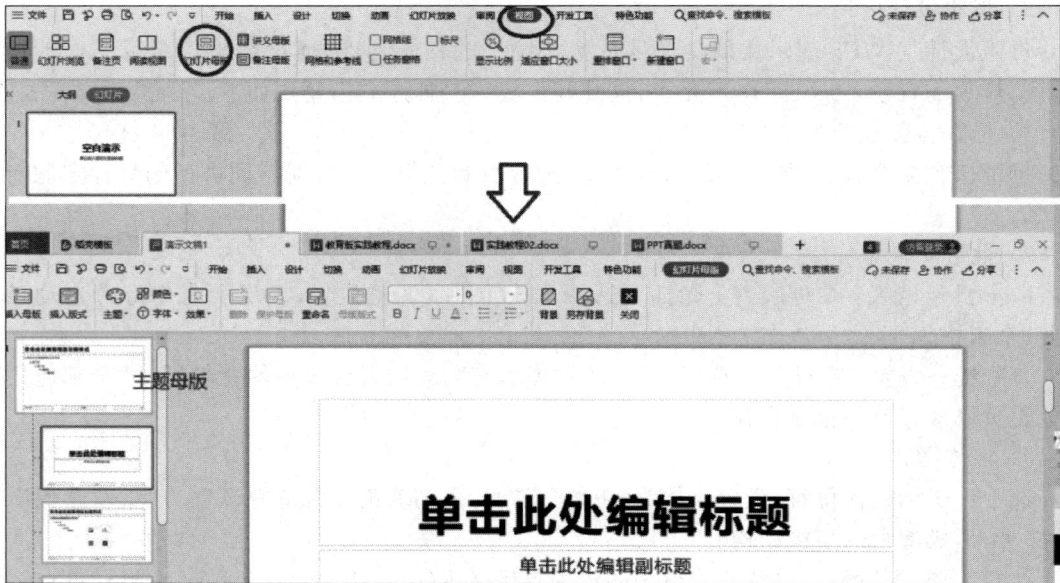

图 5.2　母版视图的进入

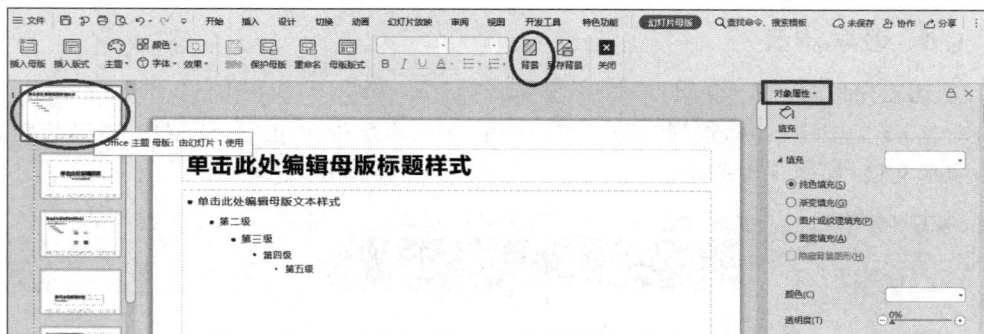

图 5.3　幻灯片母版背景添加

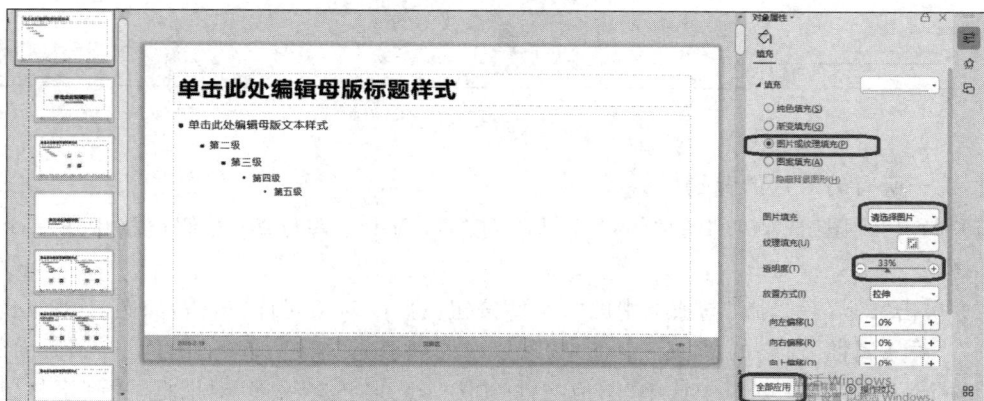

图 5.4　图片背景的填充

3. 批量添加 logo 并调整标题幻灯片背景

将素材包中"logo 透明.png"批量添加到所有幻灯片页面的右上角,然后单独调整"标题幻灯片"版式的背景格式使其"隐藏背景图形"。

(1)选中主题母版,单击"插入"选项卡中的"图片"下拉按钮,在列表中单击"本地图片"命令,打开"插入图片"对话框,找到素材包下的"logo 透明.png",单击"打开"按钮,调整至合适大小。

(2)选中插入的图片,单击"图片工具"选项卡中的"对齐"按钮,在列表中单击"右对齐"和"靠上对齐",如图 5.5 所示。

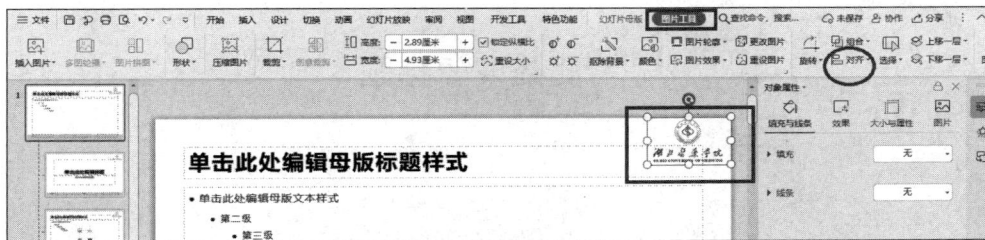

图 5.5　图片的位置设置

(3)选中"标题幻灯片"版式,在"对象属性"中,选中"填充"中的"隐藏背景图形"。

4. 统一标题字体设置

将所有幻灯片中的标题字体统一修改为"黑体"。将所有应用了"节标题"版式的幻灯片的标题字体颜色修改为自定义颜色,RGB 值为"红色 248、绿色 192、蓝色 165"。

(1)选中主题母版中的标题占位符,在"文本工具"选项卡中的"字体"组中设置字体为"黑体",如图 5.6 所示。

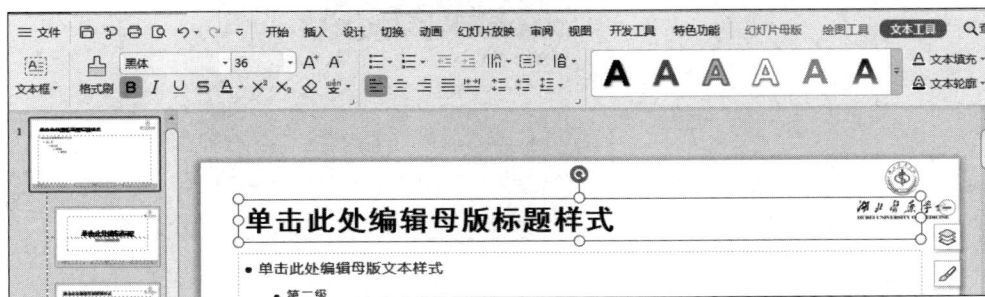

图 5.6　标题字体设置

(2)选中"节标题"版式中的标题占位符,在"文本工具"选项卡中的"字体"组中单击"字体颜色"下拉按钮,在列表中选择"其他字体颜色"命令,打开"颜色"对话框,如图 5.7 所示。

(3)在"颜色"对话框中,在"自定义"选项卡中设置 RGB 值为"红色 248、绿色 192、蓝色 165",单击"确定"按钮,如图 5.8 所示。

(4)母版设置完成后,请返回"幻灯片母版"选项卡,单击其中"关闭",退回普通视图。

本节讲解了 WPS Office 演示文稿的基础操作与母版设计应用。通过学习 PPT 设计的基本原则与总体思路,学生明确了设计方向与风格选择。在基础操作方面,学生掌握了创建空白幻灯片、统一设置背景等关键步骤。编辑母版功能的应用,使学生能够高效地批量添加 logo、

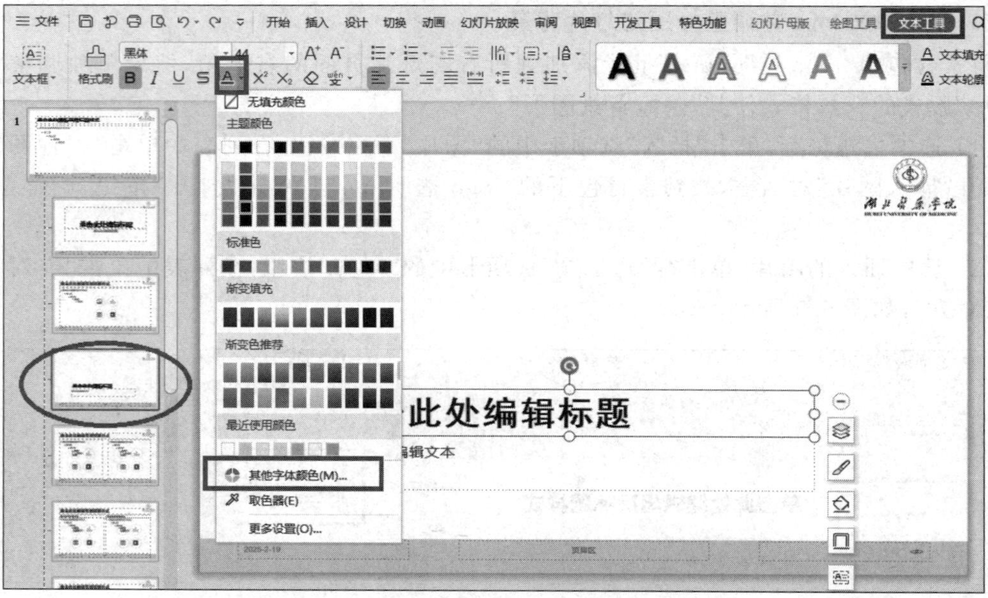

图 5.7　标题字体颜色设置

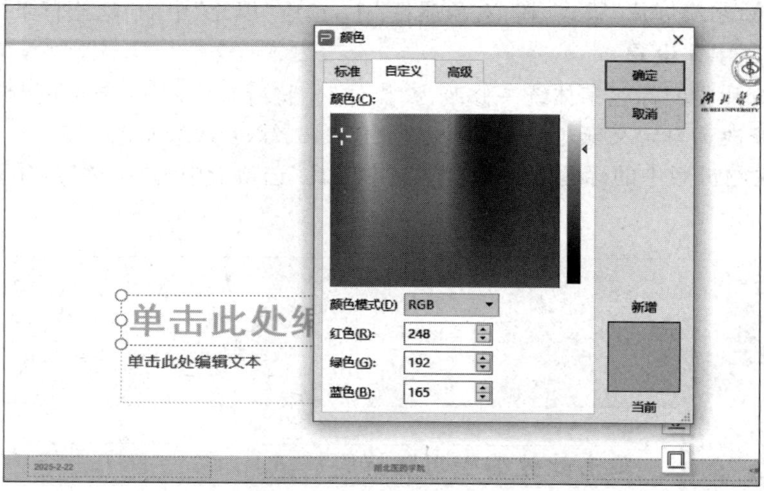

图 5.8　标题字体颜色设置

统一标题字体设置，确保演示文稿的一致性与专业性。案例设计与实操练习进一步巩固了所学知识，提升了学生的实际操作能力。通过本节学习，学生为制作专业求职简历 PPT 迈出了坚实的一步，为后续章节的深入学习奠定了基础。

5.2　求职简历演示文稿页面设计与综合功能实操

5.2.1　教学目的

（1）深入理解演示文稿设计的基本原则与总体思路，学会运用高级制作技巧，如封面与内容页的创意设计，突出个人特色与求职意向。

（2）熟练掌握排版与美化技巧，包括字体选择、图片处理、图标应用及配色方案设计，提升演示文稿的视觉效果与吸引力。

（3）掌握内容优化与呈现策略，学会突出关键信息，避免冗长描述，以项目符号、列表和要点形式组织内容，清晰展示个人能力和成就。

（4）通过具体案例的实操练习，如标题页、目录页、节标题、内容页等的设计，以及目录导航、切换效果、幻灯片日期和编号、自定义放映等综合功能的应用，使学生能够独立完成一份专业、美观且功能完善的求职简历演示文稿。

（5）结合考试真题进行实操练习，帮助学生将所学知识与实际应用相结合，提升设计能力和专业素养，增强求职竞争力。

5.2.2　教学内容

1．演示文稿设计高级原则与创意思路

差异化设计：结合岗位特性定制视觉风格（如医疗岗用蓝绿色系、科技岗用冷色调），通过字体层级（标题60～72磅/正文24～28磅）和色块分区构建视觉层次。

叙事逻辑：采用"动机-优势-规划"黄金圈结构，数据信息转化为图表（进度条、环形图）可视化呈现。

2．页面设计核心技巧

标题页：主标题用立体艺术字＋渐变填充，副标题搭配岗位图标，背景叠加半透明场景图，设置"劈裂＋切入"组合动画。

目录页：六边形导航项设置超链接，悬停触发颜色变化，返回目录按钮统一布局，可转化为时间轴或树状图结构。

内容页：采用两栏版式（左图右文），文本框分散对齐；自我评价用智能图形列表，搭配图表增强可读性。

3．排版与美化关键技能

视觉规范：标题黑体/正文微软雅黑，主色选岗位属性色（如医疗蓝），辅助色用互补色，背景用浅灰色提升文字清晰度。

图片处理：证书图按大小递进排列，添加三维旋转和阴影效果；关键图用圆形裁剪，背景图叠加半透明蒙版。

4．综合功能应用

交互导航：母版logo链接目录页，内容页设置返回按钮，目录项超链接对应章节，创建"重点放映"自定义集。

细节优化：非内容页用"线条"切换（2秒）、内容页用"随机"切换（1.5秒），页脚添加学校名称和自动更新日期。

5.2.3　教学步骤

1．幻灯片页内容页设计

（1）标题页设计。

① 对第一张幻灯片，修改幻灯片版式，占位符填充内容。

幻灯片导航窗格中选择第一张幻灯片，在"开始"选项卡中的功能区选择"版式"，在弹出的下拉选项里选择"标题幻灯片"，如图5.9所示。在标题页幻灯片主副标题中分别填写"未来医者之路"和"胡亦耀求职简历"文字。

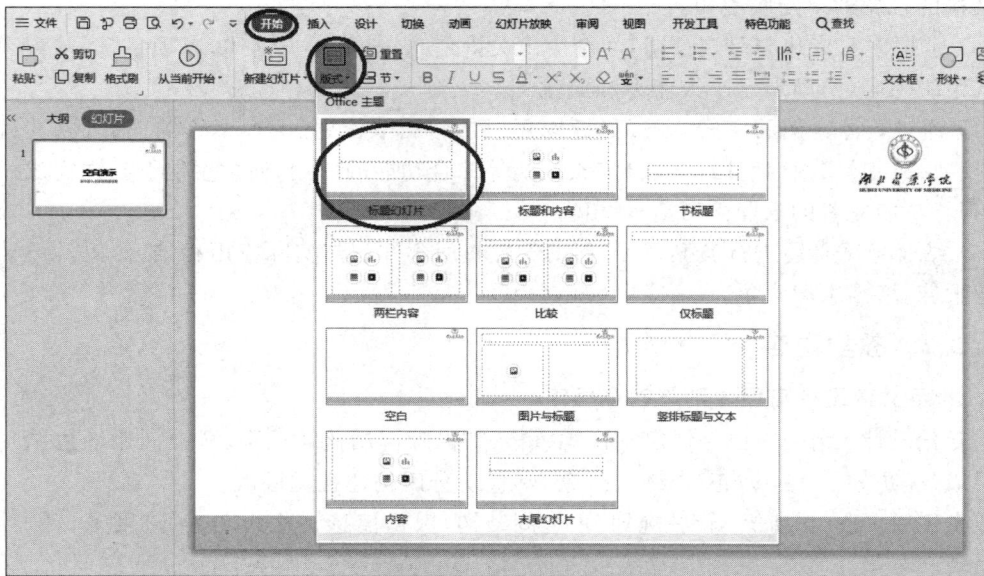

图 5.9　修改版式

② 美化标题文本。

美化幻灯片标题文本，为主标题应用艺术字的预设样式，为副标题应用艺术字的预设样式。

选中标题幻灯片中的标题占位符，在"文本工具"选项卡中选择"艺术字样式"的其他按钮，在列表中选中"填充-矢车菊蓝，着色 1，阴影"，如图 5.10 所示。

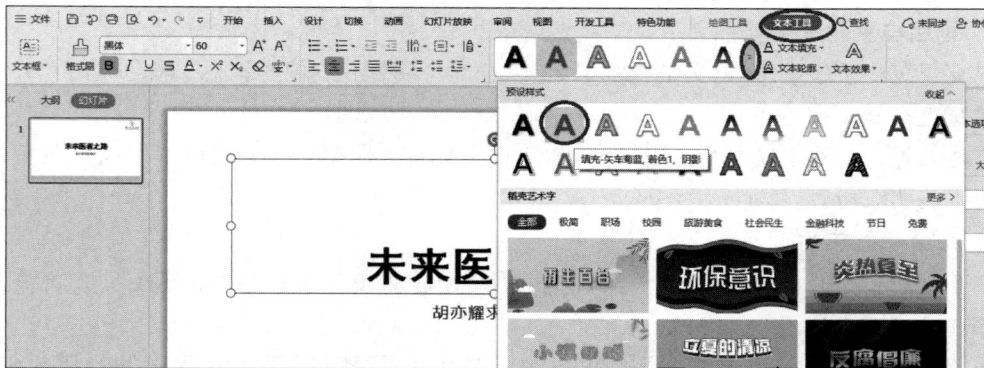

图 5.10　标题艺术字预设样式

同理，选中标题幻灯片中的副标题占位符，在"文本工具"选项卡中单击"艺术字样式"的其他按钮，在列表中选中"填充-亮天蓝色，着色 2，轮廓-着色 2"。

③ 幻灯片标题设置动画复合效果。

选中幻灯片中的标题占位符，单击"动画"选项卡中的"动画"其他按钮，选择"劈裂"，单击"自定义动画"按钮，打开"自定义动画"窗格，在方向上选中"中央向左右展开"，如图 5.11 和图 5.12 所示。

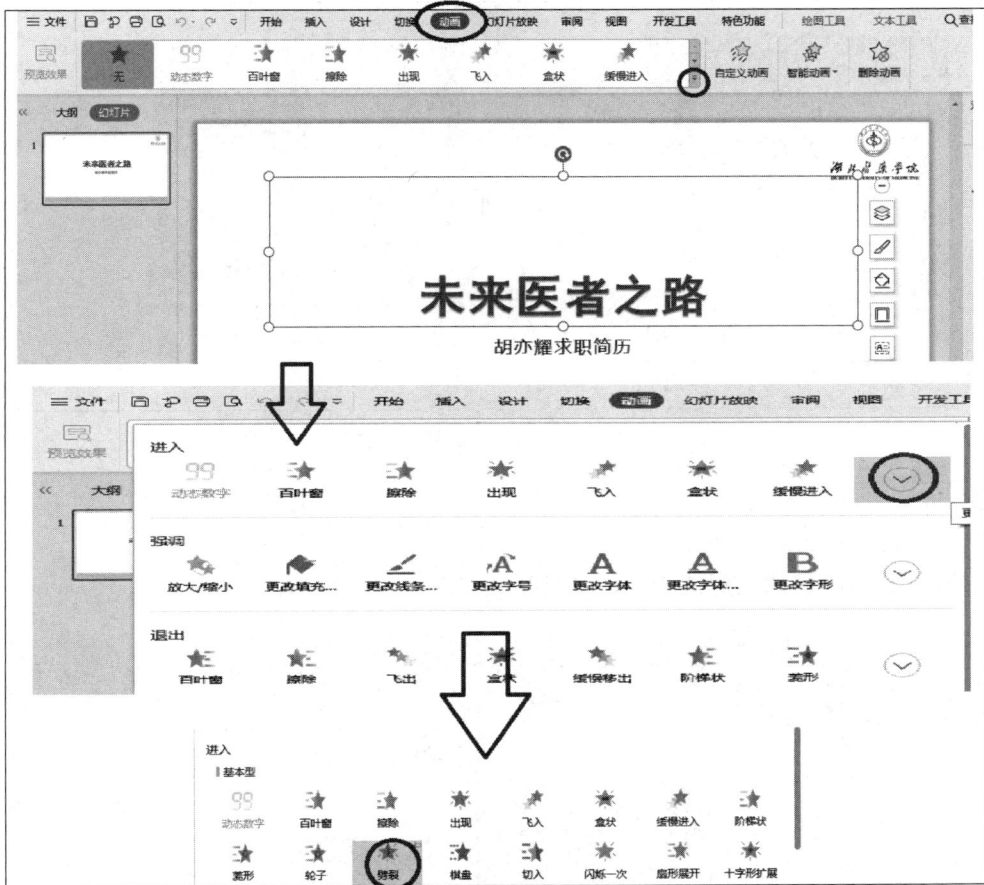

图 5.11　动画添加

图 5.12　自定义动画添加和设置

同理,选中标题幻灯片中的副标题占位符,单击"动画"选项卡中的"动画"其他按钮,选中"切入",单击"自定义动画"按钮,打开"自定义动画"窗格,在方向上选中"自底部",在"开始"中选中"之前",如图 5.13 所示。

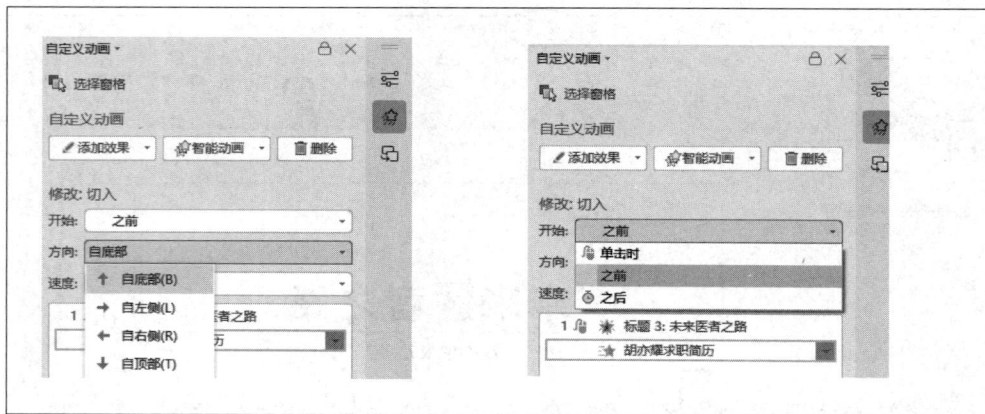

图 5.13　副标题动画效果设置

（2）目录页设计节。

① 创建目录页的幻灯片。

创建新幻灯片，修改其版式为"仅标题"版式，如图 5.14 所示。

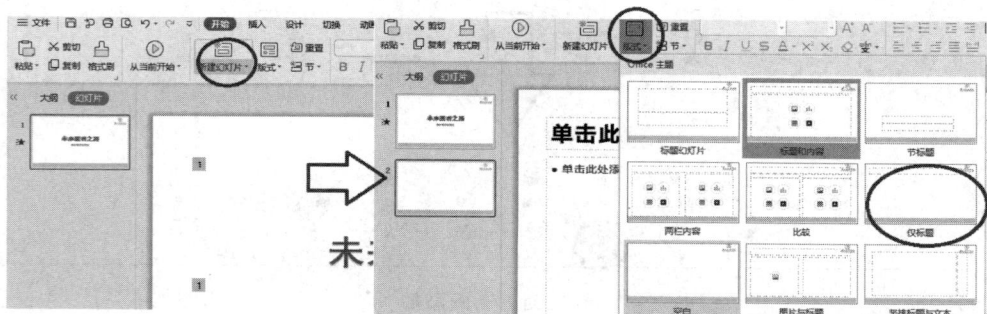

图 5.14　幻灯片版式修改

② 设计信息框。

添加六边形形状，并填充色彩。在当前幻灯片上，单击"插入"选项卡中的"形状"按钮，拖动创建一个六边形。选中六边形，单击"绘图工具"选项卡中的"填充"按钮，在弹出的对话框中选择"拾色器"，选取幻灯片底部背景颜色，完成色彩填充，如图 5.15 所示。

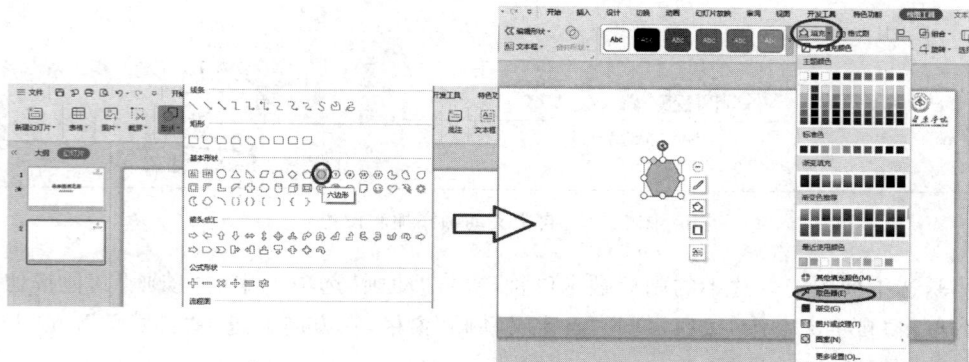

图 5.15　形状的添加和色彩填充

添加文本框,预设字体和文字。在当前幻灯片上,单击"插入"选项卡中的"文本框"按钮,选择"横向文本框",拖动鼠标在幻灯片画出文本框,填入"文本"文字,在"文本工具"选项卡中,修改文字大小为 28 号,如图 5.16 所示。

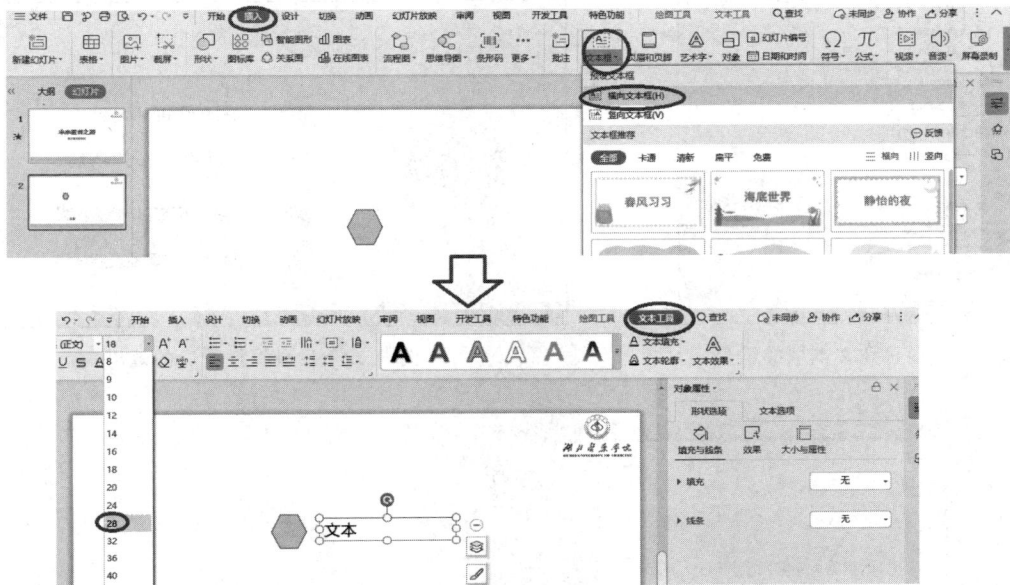

图 5.16 添加文本框,预设字体和文字

③ 组合形状和文本框。

按住 Ctrl 键,选择六边形和文本框,随后出现浮动工具栏,选择"垂直居中"对齐两个对象,如图 5.17 所示。

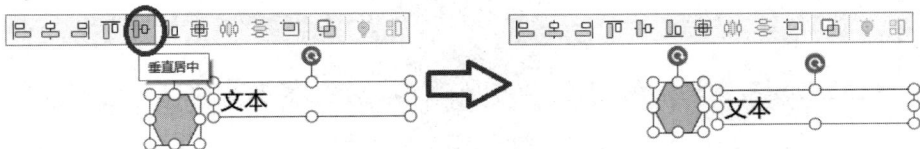

图 5.17 组合文本框的位置调整

按住 Ctrl 键选择六边形和文本框,单击,在弹出的快捷菜单中选择"组合",如图 5.18 所示。

右击文本框和六边形,弹出的菜单中选择"编辑文字",输入相应信息。复制组合信息框,完成其他目录项的设计,注意对齐和位置调整。利用上面知识,完成圆角矩形(目录文字)的设计,完成后的效果如图 5.19 所示。

(3)节标题的设计。

连续添加新的幻灯片,修改其版式为"节标题",填写相应信息,如图 5.20 所示。

自行扩展探索,多个形状组合填充图片(提示:形状组合后填充),美化页面,如图 5.21 所示。

(4)内容页设计。

① 自我介绍页设计。

在"01 自我介绍和自我评价"幻灯片后,插入新的幻灯片,修改其版式为"两栏内容"版式,如图 5.22 所示。

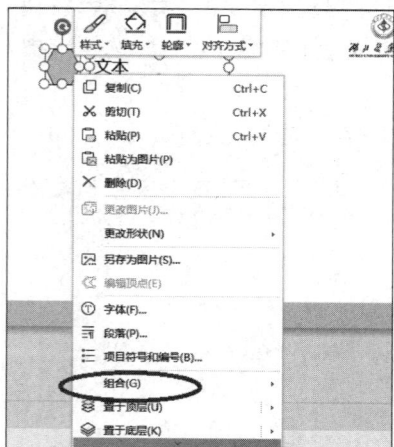

图 5.18　形状和文本框的组合

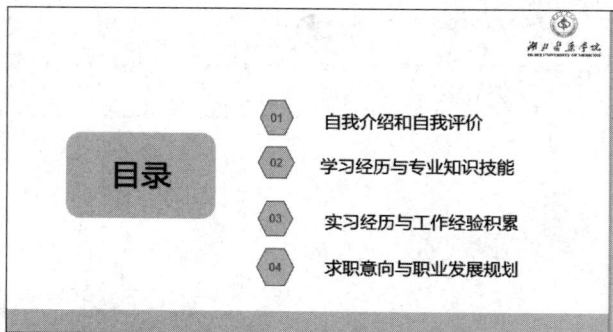

图 5.19　目录页设计后的效果

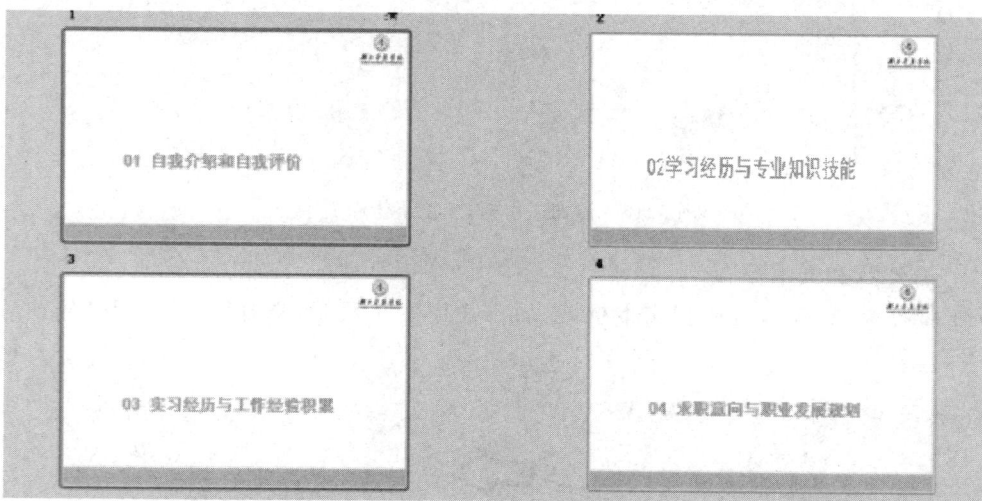

图 5.20　节标题的设计

图 5.21　形状组合和图片填充效果

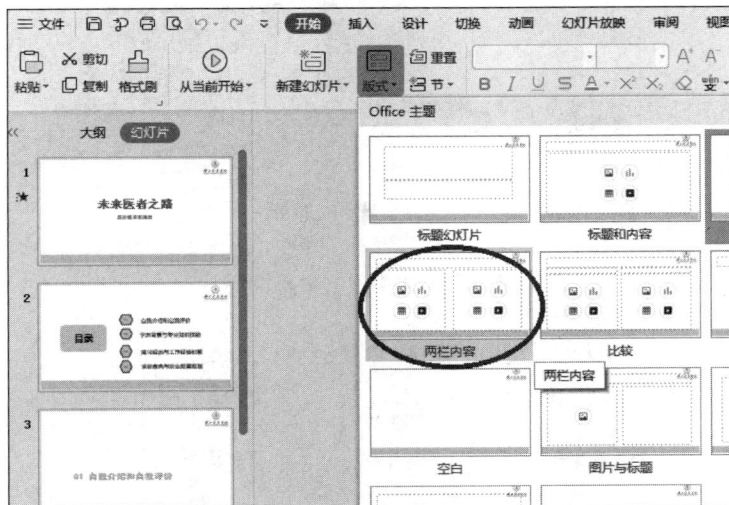

图 5.22　幻灯片版式修改

添加标题内容"自我介绍",在下方的对象占位符中插入图片"doctor 透明. png",如图 5.23 所示。

图 5.23　图片的插入

删除右侧占位符,添加文本框,输入相应内容,注意文本内容可以选择分散对齐,使得文字自动扩展适合文本框,如图 5.24 所示。复制多个设置好的文本框,修改其内容,完成个人信息的输入。

文本框的位置调整。利用 Ctrl 不连续选择纵向的文本框,弹出的浮动工具栏中选择"左对齐";继续不连续选择横向的文本框,弹出的浮动工具栏中选择"底端对齐对话框",如图 5.25 所示。

添加横线分隔。添加一条横线形状,进行分隔信息。单击"插入"选项卡中的"形状"下拉按钮,在列表中单击"直线",然后在幻灯片中按着 Shift 按键,单击并拖动鼠标,绘制出一条直

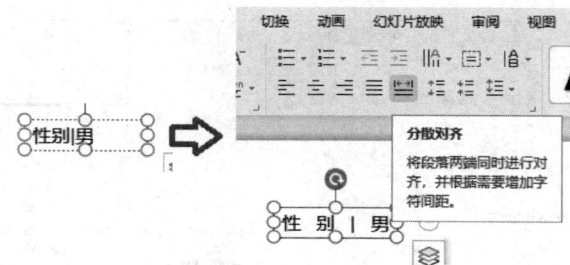

图 5.24　文本框的格式设置

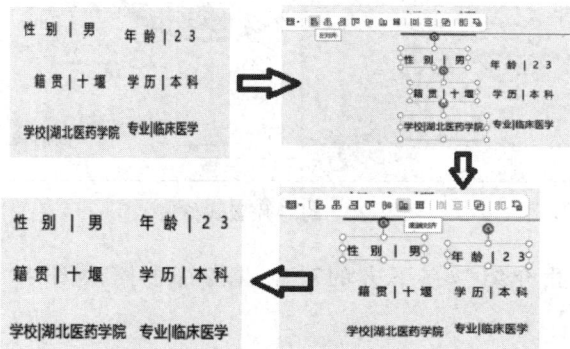

图 5.25　多个文本框的位置调整

线。选中新绘制的直线，单击右侧的"对象属性"窗格，在"大小与属性"中展开"大小"，设置宽度为"16 厘米"，在"填充与线条"选项卡中展开"线条"选项卡，选中颜色中的"蓝色"，设置宽度为"5 磅"，如图 5.26 所示。

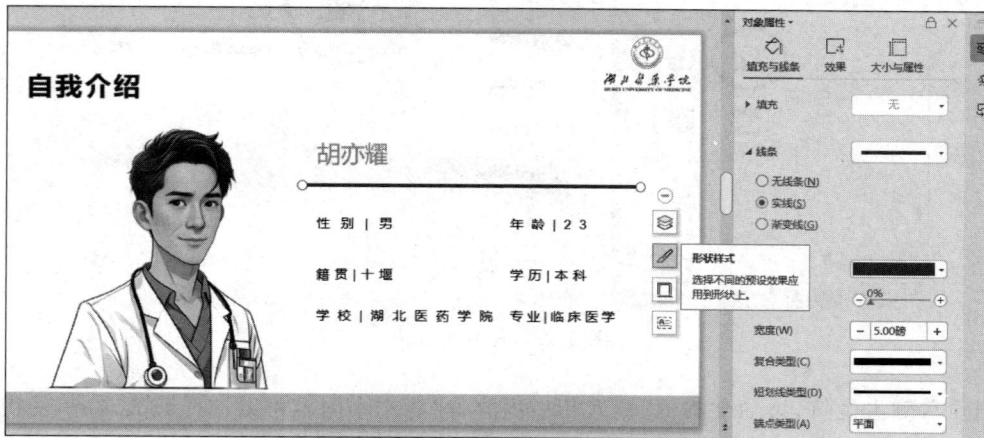

图 5.26　横线形状分割线设置

② 自我评价页设计。

用精练的语言描述自己的性格、能力和优势，如责任心强、团队协作能力强等。

在自我介绍幻灯片后，添加新幻灯片，修改其版式为"仅标题"版式，添加标题内容"自我评价"。

单击"插入"选项卡，选中"智能图形"按钮，打开"选择智能图形"对话框，选中其中的"水平项目符号列表"，单击"确定"按钮，如图 5.27 所示。

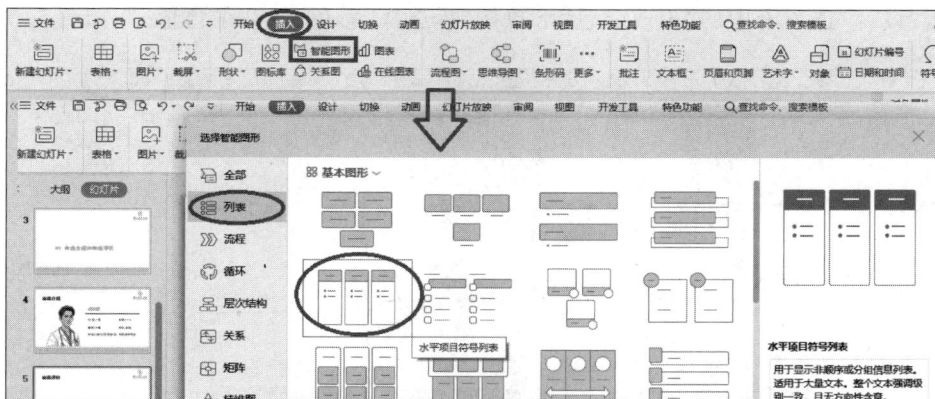

图 5.27　智能图形的创建

选中其中的项目元素,单击"设计"选项卡中的"添加项目",下拉的菜单中根据需要添加项目,如图 5.28 所示。

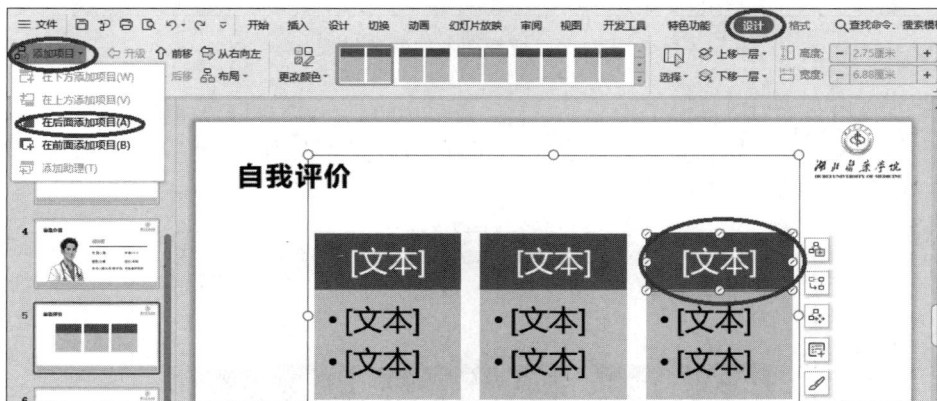

图 5.28　智能图形的项目数量设置

分别将素材包中的 4 段文字内容,剪切到"水平项目符号列表"中的各个形状中,如图 5.29 所示。

图 5.29　智能图形的内容填充

单击"设计"选项卡中的"更改颜色"下拉按钮，选择"彩色（第 2 个色值）"，如图 5.30 所示。

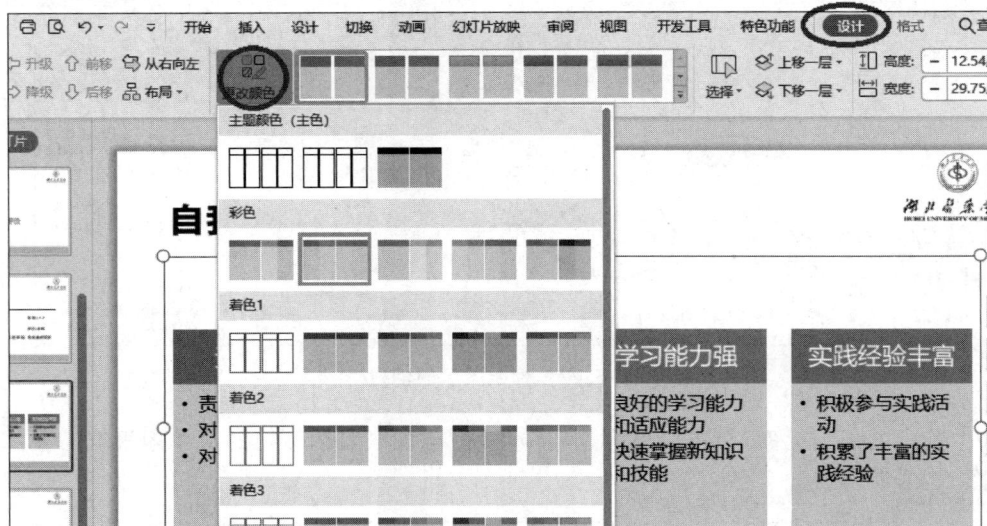

图 5.30　智能图形的颜色设置

③ 学习经历页设计。

复制"自我评价"幻灯片到"01 自我介绍和自我评价"幻灯片后，删除一个项目，对照图片完成信息的录入，如图 5.31 所示。

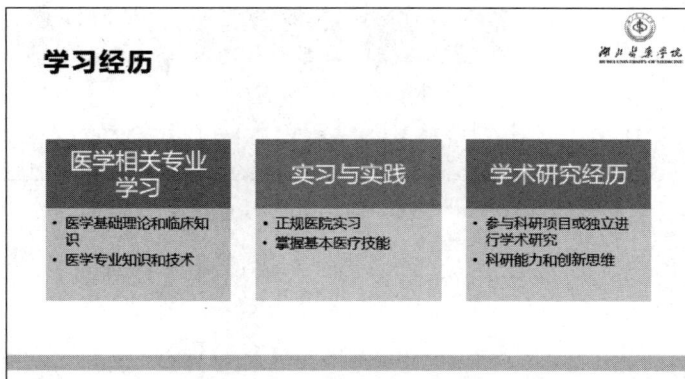

图 5.31　学习经历页设计效果

④ 临床实践技能及操作水平展示页设计。

复制"学习经历"幻灯片粘贴在自身幻灯片之后，对照图片完成"临床实践技能及操作水平展示"幻灯片的信息录入，如图 5.32 所示。

⑤ 证书情况页设计。

在"临床实践技能及操作水平展示"幻灯片后，添加新幻灯片，修改其版式为"仅标题"版式，添加标题内容"证书情况"。

插入 5 张证书图片，调整大小位置，中间图片较大，两边图片较小。选中中间图片，在"图片工具"选项卡高度设置 13 厘米（锁定纵横比），其他图片按照图中高度标记设置，如图 5.33 所示。

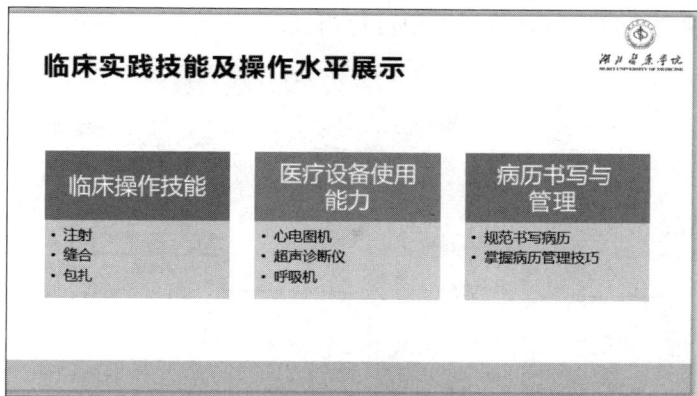

图 5.32　临床实践技能及操作水平展示页设计页设计效果

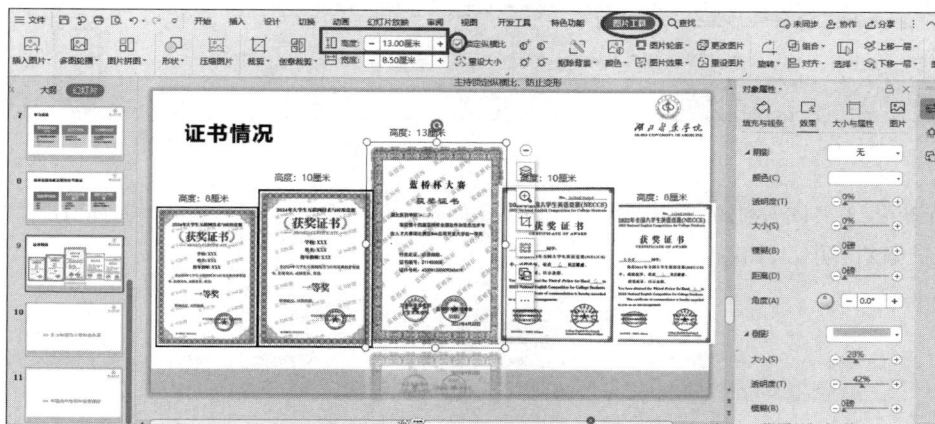

图 5.33　证书图片大小设置

利用 Ctrl 键选择 5 张照片,单击浮动工具栏中的"底端对齐",对齐图片,如图 5.34 所示。

图 5.34　证书图片的位置设置

两边图片制作三维旋转效果。选择左侧两张图片,在"图片工具"选项卡中选择图片效果按钮,在展开的菜单中,选择"三维旋转"→"左透视"。选择右侧两张图片,用同样操作方法,选择"右透视",可出现的"对象属性"对话框中可适当微调,如图 5.35 所示。

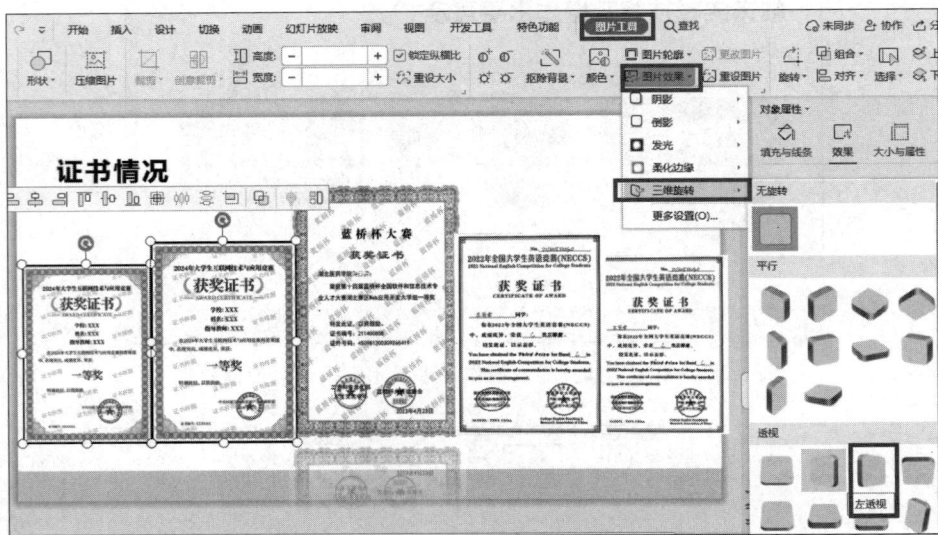

图 5.35　证书图片的三维旋转效果设置

所有获奖证书图片添加倒影效果。选中所有获奖证书图片,同上操作,选择"阴影"效果中的"右下斜偏斜"阴影,如图 5.36 所示。

图 5.36　证书图片的倒影效果设置

⑥ 实习经历幻灯片和工作经验积累幻灯片设计。

在"03 实习经历与工作经验积累"节标题页后,插入两张"标题与内容"版式幻灯片,标题分别填写为"实习经历"和"工作经验积累"。

⑦ 求职意向幻灯片与职业发展规划幻灯片设计。

在"04 求职意向与职业发展规划"节标题页后,插入两张"标题与内容"版式幻灯片,标题分别填写为"求职意向"和"职业发展规划"。

(5)尾页设计。

在幻灯片窗格末尾,添加新幻灯片,修改其版式为"末尾幻灯片"版式,标题填写内容"期待加入，实现价值"。

2. 目录导航设计

（1）目录选项设置超链接。

选中目录页（第 2 张幻灯片）中的第一个项目里的文本框（"自我介绍和自我评价"），单击"插入"选项卡中的"超链接"按钮，打开"插入超链接"对话框，在"链接到"中选中"本文档中的位置"，在"请选择文档中的位置"中选中"3.01 自我介绍和自我评价"，单击"确定"按钮，如图 5.37 所示。

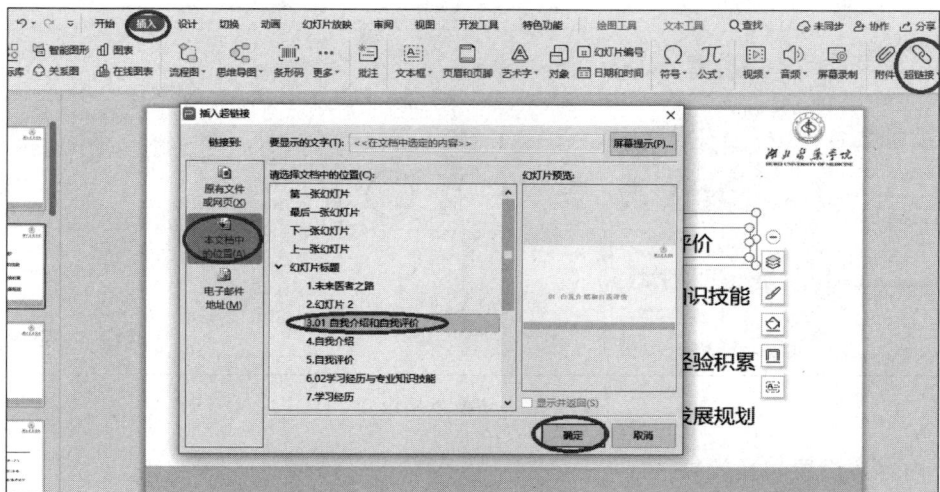

图 5.37　目录选项设置超链接

采用相同方法为其他项目设置超链接。

（2）每页设置返回目录超链接。

单击"视图"选项卡中的"幻灯片母版"按钮，选中主题母版中的右上角的 logo 图片。

单击"插入"选项卡中的"超链接"按钮，打开"插入超链接"对话框，在"链接到"中选中"本文档中的位置"，在"请选择文档中的位置"中选中"2.幻灯片 2"，单击"确定"按钮，如图 5.38 所示，最后退出母版视图编辑状态。

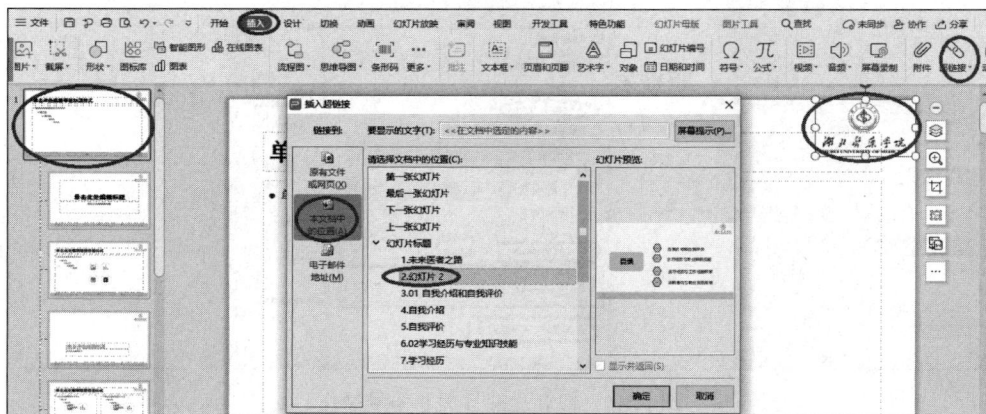

图 5.38　每页设置返回目录链接

3．切换效果设计

（1）非内容页设置切换效果。

按住 Ctrl 键，选中幻灯片导航区内非内容页的幻灯片，单击"切换"选项卡中的"切换样式"中的"线条"切换方式，在速度中输入"2"，如图 5.39 所示。

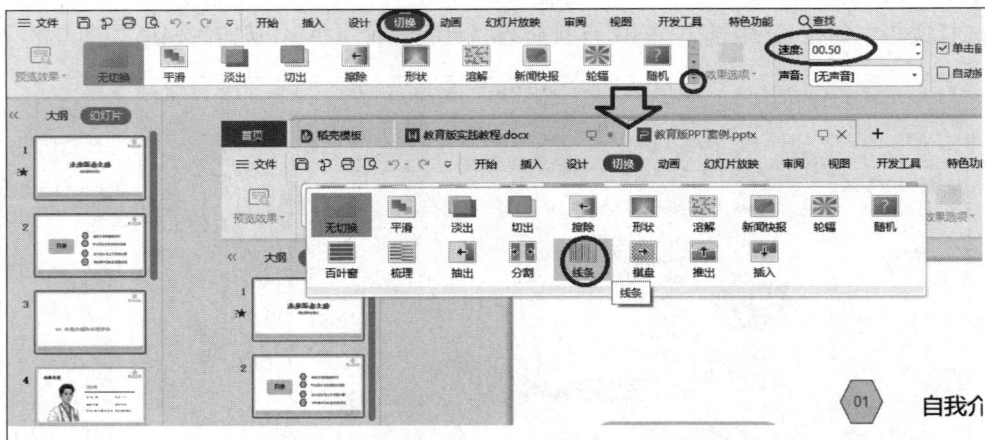

图 5.39　切换效果设置

（2）内容页设置切换效果。

按住 Ctrl 键，选中幻灯片导航区内内容页的幻灯片，单击"切换"选项卡中的"切换样式"中的"随机"切换方式，在速度中输入 1.5。

4．幻灯片的日期和编号操作

在"插入"选项卡中选择"幻灯片编号"按钮，弹出"页眉和页脚"对话框。选择"日期和时间""幻灯片编号""标题幻灯片不显示"选项，"页脚"中添加文字"湖北医药学院"，如图 5.40 所示。

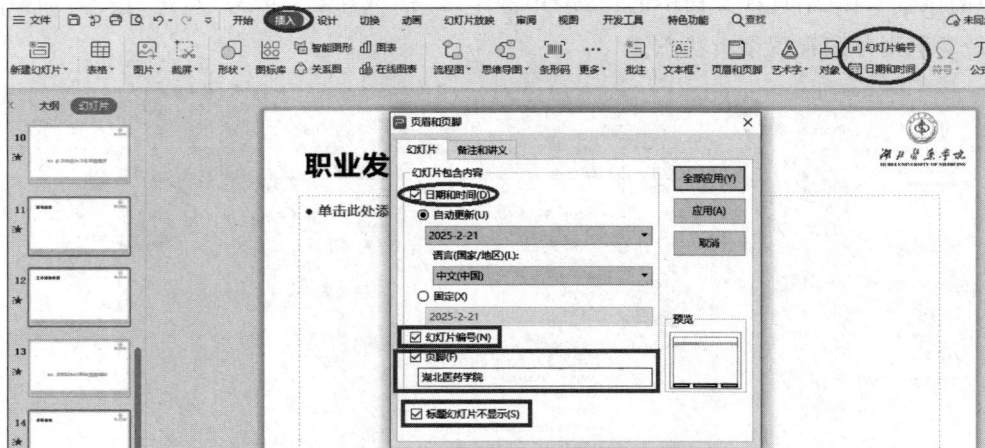

图 5.40　幻灯片的日期和编号操作

5．自定义幻灯片的放映设置

从"幻灯片放映"选项卡中选择"自定义放映"，在弹出的"自定义放映"对话框中单击"新建"按钮,然后在弹出的"定义自定义放映"对话框,填写幻灯片放映名称为"重点放映",连续选择左侧列表框中幻灯片 3 到幻灯片 9,添加到右侧列表框中,最后单击"确定"即可,如图 5.41 所示。

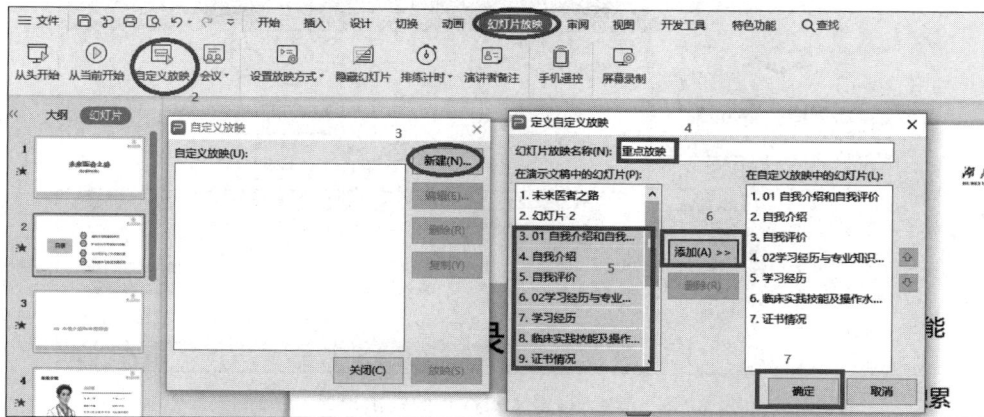

图 5.41　自定义幻灯片的放映设置

6. 自定义放映幻灯片的加框输出

在"文件"菜单中选择"选项"子菜单,在弹出的"选项"对话框中选择"打印"选项,在打印设置中选中"幻灯片加框",如图 5.42 所示。在"文件"菜单中选择"输出为 PDF",弹出"输出为PDF"对话框中,修改输出范围为"自定义放映",选择前面自定义的"重点放映"集合,如图 5.43 所示。

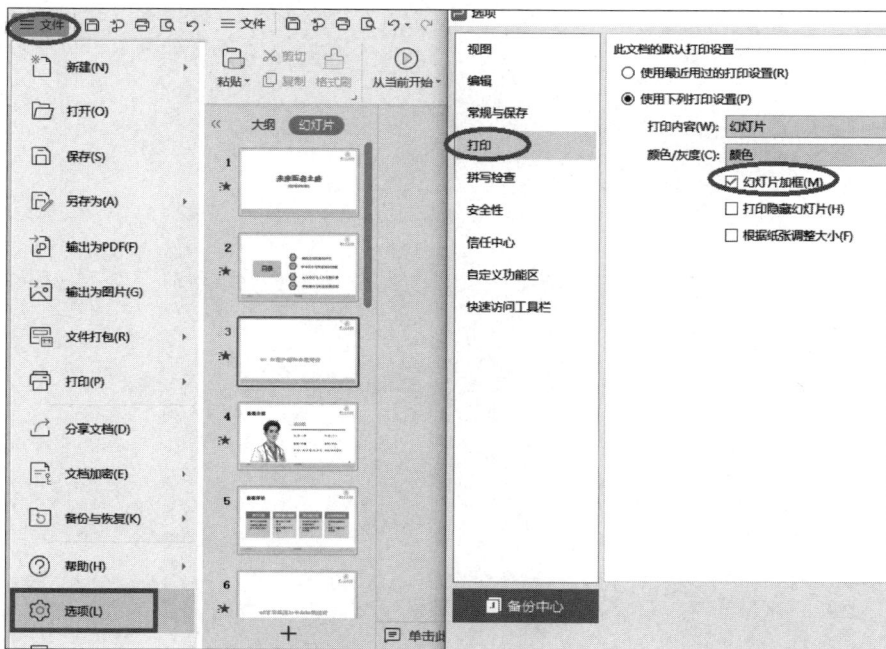

图 5.42　幻灯片输出加框设置

本节讲解了求职简历 PPT 的页面设计与综合功能实操,旨在帮助学生掌握制作专业、美观且功能完善的求职简历 PPT 的高级技巧。通过学习 PPT 设计的基本原则与总体思路,学生能够

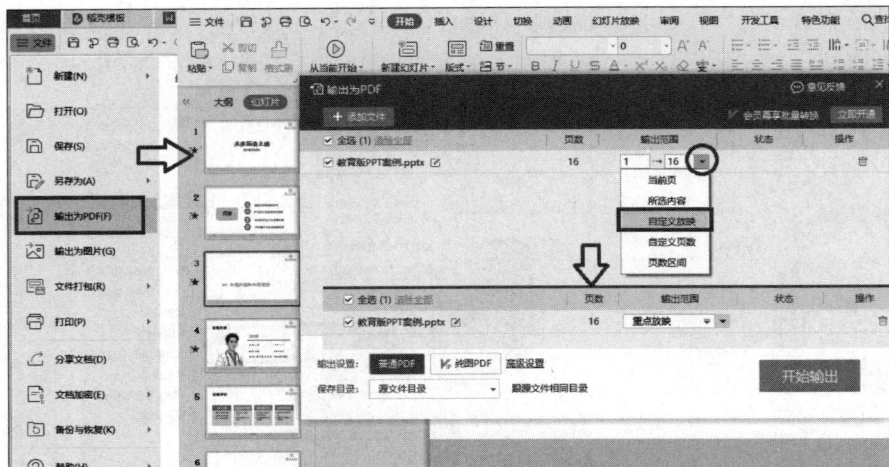

图 5.43　自定义幻灯片的输出设置

运用创意设计封面与内容页，突出个人特色与求职意向。在排版与美化技巧方面，学生学习选择合适的字体、处理图片、应用图标以及设计配色方案，从而提升演示文稿的视觉效果与吸引力。

内容优化与呈现策略的学习使学生能够突出关键信息，避免冗长描述，以项目符号、列表和要点形式清晰展示个人能力和成就。通过具体案例的实操练习，如标题页、目录页、节标题、内容页等的设计，以及目录导航、切换效果、幻灯片日期和编号、自定义放映等综合功能的应用，学生能够独立完成一份高质量的求职简历 PPT。

第6章

网络浏览器的应用及文件下载实训

6.1 Microsoft Edge 浏览器的使用

6.1.1 教学目的

（1）熟悉浏览器的界面及基本操作。

（2）掌握 Internet 属性的设置方法。

（3）掌握添加和整理收藏夹，以及查看历史记录的方法。

6.1.2 教学内容

（1）Microsoft Edge 浏览器的启动与退出。

（2）Microsoft Edge 浏览器的窗口结构。

（3）保存网页。

（4）Microsoft Edge 浏览器的设置。

（5）添加和整理收藏夹。

6.1.3 教学步骤

1. Microsoft Edge 浏览器的启动与退出

启动 Microsoft Edge 浏览器窗口有以下 3 种方式。

（1）双击电脑桌面上的 Microsoft Edge 浏览器快捷方式图标。

（2）单击"开始"菜单所有应用中的 Microsoft Edge 图标。

（3）单击任务栏上的 Microsoft Edge 快捷启动工具图标。

单击 Microsoft Edge 浏览器主窗口右上角的"关闭"按钮退出。或右键单击标题栏，在弹出的菜单中选择"关闭"选项退出浏览器。

2. Microsoft Edge 浏览器的窗口结构

启动 Microsoft Edge 浏览器，窗口结构如图 6.1 所示。

Microsoft Edge 的窗口由标题栏、地址栏（搜索栏）、工具栏、标签栏、菜单按钮、收藏栏、侧边栏、主页面区域、状态栏等组成。

标题栏位于窗口的顶部，显示网页标题或文件名（如 PDF），右侧包含最小化、最大化/还原、关闭按钮（Windows 系统），支持拖动调整窗口位置。

地址栏位于浏览器顶部，用于输入网址和进行搜索。用户可以在这里输入想要访问的网页地址，也可以直接在这里进行搜索操作。

标签栏显示当前打开的所有标签页，用户可以通过标签栏切换不同的网页。标签页支持多标签浏览，可以拖动、固定和分组。

工具栏包含各种常用操作按钮，如刷新、主页、收藏夹等。工具栏通常位于地址栏的右侧，

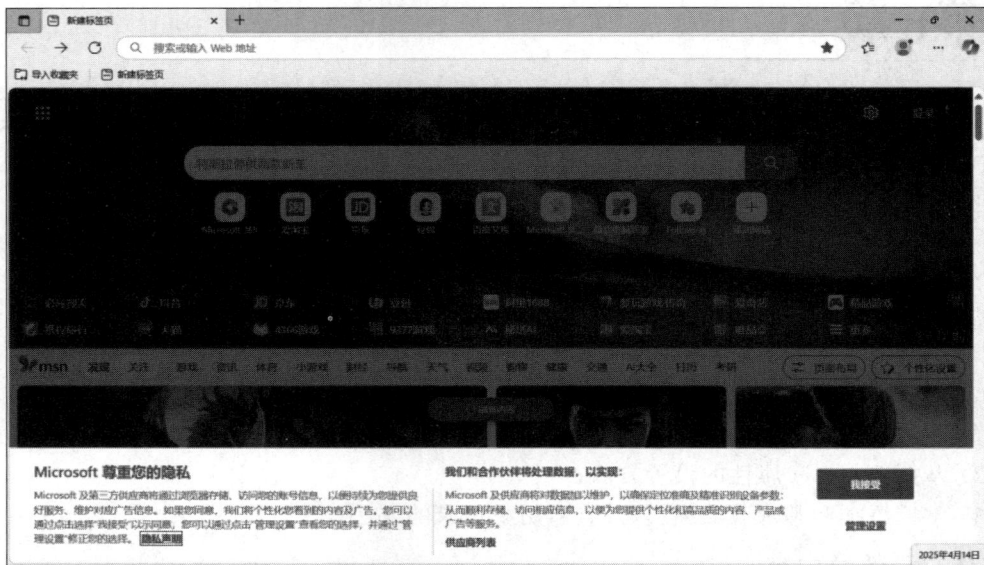

图 6.1　Microsoft Edge 窗口结构

方便用户快速访问常用功能。

菜单按钮位于右上角的三个点图标，单击后可以访问设置、历史记录、下载和扩展等选项。

收藏栏用于快速访问收藏的网站，通常位于工具栏下方或侧边栏中。

侧边栏包括收藏夹、历史记录、下载和扩展等快捷访问选项，方便用户管理自己的收藏和浏览历史。

主页面区域显示网页内容、PDF、视频等，右键菜单提供页面特定操作（如检查元素、翻译、保存图片）。

状态栏部分场景下显示，显示链接预览、下载进度、翻译提示等。

3. 保存网页

浏览 http://www.hbmu.edu.cn，并将当前网页保存到桌面上，文件名为 hbmu.html 和 hbmu.txt，打开桌面上保存的两个文件（hbmu.html 和 hbmu.pdf），比较它们的不同。

保存为 hbmu.html 的操作方法如下。

（1）打开要保存的网页（这里是 http://www.hbmu.edu.cn 主页）。

（2）单击右上角菜单按钮，在下拉菜单中选择"更多工具"子菜单中的"将页面另存为"选项，打开"另存为"对话框。

（3）在"另存为"对话框中选择网页保存位置为"桌面"，在"文件名"框中输入保存的网页文件名 hbmu，在"保存类型"框中选择网页保存的类型，这里是"网页全部"或"网页，仅HTML"。

（4）单击"保存"按钮。

保存为"hbmu.pdf"的操作方法如下。

单击右上角菜单按钮，在下拉菜单中选择"打印"命令，在打印对话框的打印机下拉列表中选择"另存为 PDF"选项，默认其余设置，单击"保存"按钮，打开"另存为"对话框，在"另存为"对话框中选择保存位置为"桌面"，在"文件名"框中输入文件名 hbmu，在"保存类型"框中选择保存的类型是"WPS PDF 文档"。

4. Microsoft Edge 浏览器的设置

Microsoft Edge 浏览器的设置(Settings)提供了丰富的选项,用于自定义浏览体验、隐私控制、同步数据等。可以通过以下方式访问设置。

单击右上角菜单按钮,在下拉菜单中选择"设置"命令,打开"设置"窗口,如图6.2所示。

图 6.2 Microsoft Edge 浏览器的设置窗口

(1)"常规"设置。

① 外观设置包括主题设置、工具栏设置、字体与缩放设置。其中主题设置可以切换浅色/深色模式,或从商店下载主题。工具栏设置可以自定义显示的按钮(如主页、收藏夹栏等)。字体与缩可以调整页面字体大小和默认缩放比例。

② 启动页设置。选择打开浏览器时的页面,可以是新建标签页、上次关闭的页面、自定义一个或多个网页。

③ 隐私、搜索和服务设置。跟踪防护可设置为"平衡""严格"或"基本"防护等级,清除浏览数据可手动删除 Cookie、缓存、历史记录等,隐私设置可以禁用或启用"个性化广告""预测性网络搜索"等,搜索引擎可以将地址栏默认搜索引擎更改为"百度""Google""360"或其他。

④ Cookie 和网站权限设置包括管理摄像头、麦克风、位置等权限设置、阻止或允许特定网站的 Cookie 的设置。

⑤ 下载设置可以更改默认下载文件夹,启用"下载前询问保存位置"。

⑥ 系统和性能设置中可将效率模式设置为后台运行时节省资源,硬件加速设置启用/禁用 CPU 加速。

(2)"高级"设置。

① 默认浏览器设置,设置 Edge 为系统默认浏览器(需在系统设置中确认)。

② 语言设置,可以添加或优先显示网页翻译语言。

③ 重置设置,可以恢复 Edge 默认配置(不删除书签和历史记录)。

5. 添加和整理收藏夹

（1）添加网页到收藏夹。

① 手动添加当前页面。

打开需要收藏的网页，单击地址栏右侧的"★星号图标"（或按 Ctrl＋D 组合键）。在弹出的窗口中，修改名称（可选）。选择保存的文件夹（默认是"收藏夹"或上次使用的文件夹）。单击"完成"保存。

② 通过右键菜单添加。

在网页空白处单击右键，选择"添加到收藏夹"，后续步骤同上。

（2）整理收藏夹。

① 访问收藏夹管理界面。

单击浏览器右上角的"收藏夹图标"或按 Ctrl＋Shift＋O 组合键打开收藏夹管理页面。

② 常用整理操作。

创建文件夹，单击"新建文件夹"，输入名称后按回车，用于分类收藏（如"工作""学习"等）。

移动项目，拖拽书签或文件夹到目标位置，或右击书签选择"移动到"指定文件夹。

重命名/删除，右击书签或文件夹，选择"编辑"或"删除"。

批量整理，在收藏夹管理界面（按 Ctrl＋Shift＋O 组合键），支持多选后拖拽或右键操作。

③ 其他整理方法。

导入/导出收藏夹，"导入"，单击右上角"导入收藏夹"（支持从其他浏览器或 HTML 文件导入）。"导出"，在收藏夹管理界面单击"将收藏夹导出到文件"（生成 HTML 文件备份）。

同步收藏夹，登录 Microsoft 账户后，收藏夹会自动跨设备同步（需在设置中开启同步功能）。

（3）快速访问收藏夹。

"侧边栏"，单击浏览器左侧的"收藏夹"侧边栏图标（需开启侧边栏功能）。

"工具栏"，右击收藏夹中的文件夹，选择"在工具栏中显示"，可将常用文件夹固定在地址栏下方。

6.2 文件下载

6.2.1 教学目的

（1）掌握浏览器中下载信息的方法。

（2）会用软件下载文件。

6.2.2 教学内容

（1）使用浏览器下载软件。

（2）使用下载软件下载文件。

6.2.3 教学步骤

1. 在浏览器中下载软件

这是目前使用比较频繁，操作简单方便的一种下载软件方式。为了确保安全，建议遵循以下步骤。

（1）打开下载链接。

① 从官方网站下载软件。

在 Edge 浏览器中访问提供软件下载的官方网站(如软件官网、微软商店等)。直接访问软件的"官方网站"下载,避免第三方网站捆绑恶意软件。

② 开始下载。

找到页面上的"下载"按钮(通常为绿色或显眼标识),单击后浏览器会提示保存文件。

部分网站会先跳转到下载介绍页面,需再次确认下载选项(如选择适合你系统的版本,如 Windows/macOS)。

③ 查看下载进度。

下载开始后,Edge 右上角会显示下载图标(箭头↓),单击可查看进度。

默认保存位置为系统的"下载"文件夹(如路径: C:\Users\你的用户名\Downloads)。

(2) 运行安装程序。

下载完成后,直接单击浏览器下载栏中的文件或者前往"下载"文件夹,双击下载的文件(如.exe、.msi 等),若出现安全提示,单击"更多信息"→"仍要运行"(仅限信任的软件)。

(3) 修改下载设置。

更改保存路径,单击 Microsoft Edge 右上角设置→下载→更改保存位置。

关闭下载前询问,在下载设置中关闭"每次下载前询问保存位置"。

2. 使用下载软件下载文件

使用第三方下载软件(如 IDM、FDM、迅雷等)在 Microsoft Edge 中下载文件,可以按照以下步骤操作。

(1) 直接调用下载软件(如 IDM、FDM、迅雷等)。

确保下载软件已安装并启用浏览器扩展,Internet Download Manager(IDM)、Free Download Manager(FDM)、迅雷等软件通常会在安装时自动集成到 Edge 浏览器。在 Edge 浏览器中找到要下载的文件(如视频、软件安装包、大文件等)。单击下载链接,下载工具会自动接管(如 IDM 会弹出下载对话框)。在下载工具中选择下载路径、线程数(加速下载)等,然后开始下载。

(2) 手动复制链接到下载软件。

如果下载工具没有自动接管 Edge 的下载任务,可以手动操作,右击下载链接→选择"复制链接地址",打开下载软件(如 IDM、FDM、迅雷),粘贴下载链接,然后开始下载。

第7章

计算机基础知识历年真题

1. 设元素集合为 **D**＝{1.2.3.4.5.6}。B＝(**D**. **R**)为线性结构所对应的 **R** 是(　　)。

   A. **R**＝{(6.1).(5.6).(1.3).(2.4).(3.2)}

   B. **R**＝{(4.5).(6.1).(5.6).(1.3).(2.4).(3.2)}

   C. **R**＝{(6.1).(5.6).(1.3).(3.4).(3.2)}

   D. **R**＝{(6.1).(5.6).(2.3).(2.4).(3.2)}

2. 一棵二叉树共有 25 个结点,其中 5 个是叶子结点,则度为 1 的结点数为(　　)。

   A. 16 　　　　　　 B. 10 　　　　　　 C. 6 　　　　　　 D. 4

3. 关于计算机内带符号的定点数,下面描述中正确的是(　　)。

   A. 整数的偏移码与补码相同

   B. 反码的最后一位上加 1 后即是补码

   C. 补码的符号位取反即是偏移码

   D. 原码的各位取反即是反码

4. 下面不属于软件测试实施步骤的是(　　)。

   A. 集成测试 　　　 B. 回归测试 　　　 C. 单元测试 　　　 D. 确认测试

5. ERP 的中文全称为(　　)。

   A. 供应链管理 　　　　　　　　　　 B. 物资需求计划

   C. 客户关系管理 　　　　　　　　　 D. 企业资源计划

6. 设栈的顺序存储空间为 S(1：m),初始状态为 top＝0,现经过一系列正常的入栈与退栈操作后,top＝$m+1$,则栈中的元素个数为(　　)。

   A. 不可能 　　　 B. $m+1$ 　　　 C. 0 　　　 D. M

7. 在关系数据库设计中,关系模式是用来记录用户数据的(　　)。

   A. 二维表 　　　 B. 视图 　　　 C. 属性 　　　 D. 实体

8. 下列叙述中错误的是(　　)。

   A. 地址重定位是指建立用户程序的逻辑地址与物理地址之间的对应关系

   B. 地址重定位要求程序必须装入固定的内存空间

   C. 地址重定位方式包括静态地址重定位和动态地址重定位

   D. 地址重定位需要对指令和指令中相应的逻辑地址部分进行修改

9. 设顺序表的长度为 n。下列算法中,最坏情况下比较次数小于 n 的是(　　)。

   A. 寻找最大项 　　 B. 堆排序 　　 C. 快速排序 　　 D. 顺序查找法

10. 将实体-联系模型转换为关系模型时,实体之间多对多联系在关系模型中的实现方式是(　　)。

    A. 建立新的属性 　　　　　　　　　 B. 建立新的关系

    C. 增加新的关键字 　　　　　　　　 D. 建立新的实体

11. 下列叙述中正确的是(　　)。
    A. 处于就绪状态的进程只能有一个
    B. 处于运行状态的进程当运行时间片用完后将转换为阻塞状态
    C. 进程创建完成后即进入运行状态
    D. 进程控制块 PCB 是进程存在的唯一标志

12. 下面属于白盒测试方法的是(　　)。
    A. 等价类划分法
    B. 逻辑覆盖
    C. 边界值分析法
    D. 错误推测法

13. 指令中的地址码部分给出了存放操作数所在地址的寻址方式是(　　)。
    A. 直接寻址
    B. 间接寻址
    C. 隐含寻址
    D. 立即寻址

14. 结构化程序的三种基本结构是(　　)。
    A. 递归、迭代和回溯
    B. 过程、函数和子程序
    C. 顺序、选择和循环
    D. 调用、返回和选择

15. 列叙述中正确的是(　　)。
    A. 在循环队列中,队头指针和队尾指针的动态变化决定队列的长度
    B. 在循环队列中,队尾指针的动态变化决定队列的长度
    C. 在带链的队列中,队头指针与队尾指针的动态变化决定队列的长度
    D. 在带链的栈中,栈顶指针的动态变化决定栈中元素的个数

16. 下面不属于结构化程序设计风格的是(　　)。
    A. 程序结构良好
    B. 程序的易读性
    C. 不滥用 goto 语句
    D. 程序的执行效率

17. 一个正在运行的进程由于所申请的资源得不到满足要调用(　　)。
    A. 创建进程原语
    B. 唤醒进程原语
    C. 阻塞进程原语
    D. 撤销进程原语

18. 下列叙述中正确的是(　　)。
    A. 对数据进行压缩存储会降低算法的空间复杂度
    B. 算法的优化主要通过程序的编制技巧来实现
    C. 算法的复杂度与问题的规模无关
    D. 数值型算法只需考虑计算结果的可靠性

19. 构成计算机软件的是(　　)。
    A. 源代码
    B. 程序和数据
    C. 程序和文档
    D. 程序、数据及相关文档

20. 下列叙述中正确的是(　　)。
    A. 进程一旦创建,即进入就绪状态
    B. 处于阻塞状态的进程,当阻塞原因解除后即进入运行状态
    C. 进程在运行状态下,如果时间片用完,即进入阻塞状态
    D. 进程一旦进入运行状态,就会一直运行下去直到终止

21. 机器人控制系统需使用(　　)。
    A. 分时操作系统
    B. 分布式操作系统

C. 实时操作系统 D. 批处理操作系统

22. 下面关于多道程序环境下特点描述正确的是(   )。

    A. 各进程之间不存在相互制约关系

    B. 程序和计算机执行程序的活动不再一一对应

    C. 各进程被创建的顺序与各进程终止的顺序是一致的

    D. 进程调度负责所有系统资源的分配

23. CPU 对存储器两次读/写操作之间的最小间隔称为(   )。

    A. 存取周期 B. 读写时间

    C. 存储容量 D. 存储带宽

24. 数据模型是数据特征的抽象,其包含的三个要素是(   )。

    A. 外模式、概念模式、内模式

    B. 数据增加、数据修改、数据查询

    C. 数据结构、数据操作、数据约束

    D. 实体完整性、参照完整性、用户自定义完整性

25. 下列叙述中正确的是(   )。

    A. 在栈中,栈顶指针的动态变化决定栈中元素的个数

    B. 在循环队列中,队尾指针的动态变化决定队列的长度

    C. 在循环链表中,头指针和链尾指针的动态变化决定链表的长度

    D. 在线性链表中,头指针和链尾指针的动态变化决定链表的长度

26. 设某棵树的度为3,其中度为3.2.1的结点个数分别为3.0.40,则该树中的叶子结点

数为(   )。

    A. 6 B. 7 C. 8 D. 9

27. 下列排序法中,每经过一次元素的交换会产生新的逆序的是(   )。

    A. 快速排序 B. 冒泡排序

    C. 简单插入排序 D. 简单选择排序

28. 顺序程序不具有(   )。

    A. 并发性 B. 封闭性 C. 可再现性 D. 顺序性

29. 下列存储器中,掉电时其存储内容不会消失的是(   )。

    A. 高速缓冲存储器(Cache) B. 静态存储单元

    C. 只读存储器 D. 动态存储单元

30. 下列叙述中正确的是(   )。

    A. 所谓有序表是指在顺序存储空间内连续存放的元素序列

    B. 有序表只能顺序存储在连续的存储空间内

    C. 有序表可以用链接存储方式存储在不连续的存储空间内

    D. 任何存储方式的有序表均能采用二分法进行查找

31. 下面对软件特点描述错误的是(   )。

    A. 软件没有明显的制作过程

    B. 软件是一种逻辑实体,不是物理实体,具有抽象性

    C. 软件的开发、运行对计算机系统具有依赖性

    D. 软件在使用中存在磨损、老化问题

32. 软件生存周期中,解决软件"做什么"的阶段是(   )。

    A. 需求分析   B. 软件设计   C. 软件实现   D. 可行性研究

33. 以下不属于操作系统基本功能的是(   )。

    A. 存储管理   B. 进程管理   C. 设备管理   D. 数据库管理

34. 下列排序法中,每经过一次元素的交换会产生新的逆序的是(   )。

    A. 快速排序   B. 冒泡排序

    C. 简单插入排序   D. 简单选择排序

35. 对数据库数据的存储方式和物理结构的逻辑进行描述的是(   )。

    A. 模式   B. 外模式   C. 用户模式   D. 内模式

36. 下列叙述中正确的是(   )。

    A. 机器数反码的最后(即最右边)一位上加 1 即是补码

    B. 机器数原码、反码、补码均相同

    C. 机器数原码除符号位外各位取反即是反码

    D. 机器数补码的符号位取反即是偏移码

37. 计算机工作的本质是(   )。

    A. 进行数的运算   B. 执行程序的过程

    C. 取指令、分析指令和执行指令   D. 存取数据

38. 采用时间片轮转算法调度的目的是使得(   )。

    A. 先来先服务

    B. 优先级较高的进程得到及时调度

    C. 多个进程都能得到系统的及时响应

    D. 需 CPU 最短的进程先执行

39. I/O 方式中的通道是指(   )。

    A. 在 I/O 设备上输入输出数据的程序

    B. I/O 设备与主存之间的通信方式

    C. 程序运行结果在 I/O 设备上的输入输出方式

    D. I/O 设备与主存之间由硬件组成的直接数据通路,用于成组数据传送

40. 某二叉树的中序遍历序列为 CBADE,后序遍历序列为 CBADE.则前序遍历序列为(   )。

    A. CBEDA   B. CBADE   C. EDCBA   D. EDABC

41. 下列叙述中错误的是(   )。

    A. 程序的并发执行使得程序和计算机执行程序的活动不再一一对应

    B. 程序的并发执行是采用 CPU 分时原理

    C. 进程的活动过程与程序是一一对应的

    D. 在单 CPU 机器上同一时刻只能执行一个进程

42. 下列叙述中正确的是(   )。

    A. 循环队列是线性结构   B. 循环队列是线性逻辑结构

    C. 循环队列是链式存储结构   D. 循环队列是非线性存储结构

43. 下列存储管理中要采用静态重定位技术的是(   )。

    A. 请求分段式存储管理   B. 可变分区存储管理

C. 请求分页式存储管理　　　　　　D. 请求段页式存储管理

44. 某二叉树的中序遍历序列为 CBADE. 后序遍历序列为 CBADE. 则前序遍历序列为（　　）。

    A. CBEDA　　　　B. CBADE　　　　C. EDCBA　　　　D. EDABC

45. 下列存储管理技术中，采用静态地址重定位的是（　　）。

    A. 段式存储管理　　　　　　　　　B. 段页式存储管理

    C. 固定分区存储管理　　　　　　　D. 页式存储管理

46. 面向对象方法中，继承是指（　　）。

    A. 各对象之间的共同性质

    B. 一组对象所具有的相似性质

    C. 一个对象具有另一个对象的性质

    D. 类之间共享属性和操作的机制

47. 理论上计算机虚拟内存最大容量取决于（　　）。

    A. 数据存放的实际地址　　　　　　B. 计算机地址位数

    C. 磁盘空间的大小　　　　　　　　D. 物理内存的大小

48. 下列存储器中访问速度最快的是（　　）。

    A. 主存　　　　　　B. 磁带　　　　　　C. U 盘　　　　　　D. 硬盘

49. 在多道程序设计中，将一台独占设备改造为共享设备的一种技术是（　　）。

    A. 使用 SPOOLing 系统　　　　　　B. 缓冲技术

    C. 并发技术　　　　　　　　　　　D. 串行化

50. 属于软件详细设计阶段任务的是（　　）。

    A. 数据库逻辑设计　　　　　　　　B. 模块实现的算法设计

    C. 编写概要设计文档　　　　　　　D. 软件体系结构设计

51. 采用虚拟存储管理技术的主要优点是（　　）。

    A. 有效地提高内存的利用率

    B. 可为用户提供比物理内存大得多的逻辑地址空间

    C. 提高了运行速度

    D. 有效解决了碎片问题，能更有效利用内存空间

52. 下面属于黑盒测试方法的是（　　）。

    A. 边界值分析法　　　　　　　　　B. 路径测试

    C. 条件覆盖　　　　　　　　　　　D. 语句覆盖

53. 下列叙述中正确的是（　　）。

    A. 在栈中，栈中元素随栈底指针与栈顶指针的变化而动态变化

    B. 在栈中，栈顶指针不变，栈中元素随栈底指针的变化而动态变化

    C. 在栈中，栈底指针不变，栈中元素随栈顶指针的变化而动态变化

    D. 以上说法均不正确

54. 微机中访问速度最快的存储器是（　　）。

    A. CD-ROM　　　　B. 硬盘　　　　　　C. U 盘　　　　　　D. 内存

55. E-R 图中用来表示实体的图形是（　　）。

    A. 矩形　　　　　　B. 三角形　　　　　C. 菱形　　　　　　D. 椭圆形

56. 进程具有多种属性,并发性之外的另一重要属性是(　　)。

    A. 动态性   B. 封闭性   C. 静态性   D. 易用性

57. 下列叙述中错误的是(　　)。

    A. 虚拟存储器使存储系统既具有相当于外存的容量又有接近于主存的访问速度

    B. 实际物理存储空间可以小于虚拟地址空间

    C. 虚拟存储器的空间大小就是实际外存的大小

    D. 虚拟存储器的空间大小取决于计算机的访存能力

58. 在计算机内部表示指令和数据应采用(　　)。

    A. 二进制   B. 二进制、八进制与十六进制

    C. ASCII 码   D. 二进制与八进制

59. 下列叙述中正确的是(　　)。

    A. 线性链表可以有多个指针域

    B. 有两个以上指针域的链表是非线性结构

    C. 只有一个指针域的链表一定是线性结构

    D. 线性链表最多可以有两个指针域

60. 下列叙述中正确的是(　　)。

    A. 虚拟存储器空间大小取决于 CPU 的运算速度

    B. 虚拟存储器属于外存储器

    C. 虚拟存储器是对主存的扩展

    D. 虚拟存储器是对外存的扩展

61. 用来解决 CPU 和主存之间速度不匹配问题的方法是(　　)。

    A. 扩大 CPU 中通用寄存器的数量

    B. 扩大主存容量

    C. 在主存储器和 CPU 之间增加高速缓冲存储器

    D. 提高主存储器访问速度

62. 下面属于整数类 I 的实例的是(　　)。

    A. 229   B. 0.229   C. 229E-2   D. "229"

63. 下面属于白盒测试方法的是(　　)。

    A. 边界值分析法   B. 基本路径测试

    C. 等价类划分法   D. 错误推测法

64. 下列叙述中正确的是(　　)。

    A. 有的二叉树也能用顺序存储结构表示

    B. 有两个指针域的链表就是二叉链表

    C. 多重链表一定是非线性结构

    D. 顺序存储结构一定是线性结构

参 考 文 献

[1] 陈晓林,等.大学计算机应用基础[M].北京：清华大学出版社,2014.

[2] 喻勇,等.大学计算机应用基础实上机实验指导[M].北京：清华大学出版社,2014.

[3] 喻焰.大学计算机基础与应用实验指导[M].北京：中国铁道出版社,2006.

[4] 钟志群,等.信息技术基础[M].成都：电子科技大学出版社,2023.

[5] 胡致杰,等.大学计算机基础教程[M].成都：电子科技大学出版社,2020.

[6] 沈维燕,等.大学计算机基础实验指导[M].南京：南京大学出版社,2014.

[7] 吴方,等.大学计算机应用基础实验指导与习题[M].北京：北京理工大学出版社,2013.

[8] 高万萍,等.计算机应用与基础实训指导[M].北京：清华大学出版社,2013.

[9] 张丽玮,等.Office 2010 高级应用教程[M].北京：清华大学出版社,2014.

[10] 孙莹光,等.大学计算机基础实验教程[M].2 版.北京：清华大学出版社,2013